甘肃连城国家级自然保护区生物多样性系列

甘肃连城国家级自然保护区
大型真菌图鉴

朱学泰　蒋长生◎主　编
杨　东　瞿学方◎副主编

中国林业出版社
·北京·

图书在版编目(CIP)数据

甘肃连城国家级自然保护区大型真菌图鉴 / 朱学泰,
蒋长生主编. -- 北京 : 中国林业出版社, 2021.9
　　ISBN 978-7-5219-1327-9

　　Ⅰ.①甘… Ⅱ.①朱… ②蒋… Ⅲ.①自然保护区—
大型真菌—甘肃—图集 Ⅳ.①Q949.320.8-64

中国版本图书馆CIP数据核字(2021)第171895号

中国林业出版社·自然保护分社（国家公园分社）

策划编辑：刘家玲
责任编辑：刘家玲　葛宝庆

出版	中国林业出版社（100009　北京市西城区刘海胡同 7 号） http://www.forestry.gov.cn/lycb.html　　电话：（010）83143519　83143612
发行	中国林业出版社
印刷	河北京平诚乾印刷有限公司
版次	2021 年 9 月第 1 版
印次	2021 年 9 月第 1 次印刷
开本	787mm×1092mm　1/16
印张	20.75
字数	350 千字
定价	268.00 元

《甘肃连城国家级自然保护区大型真菌图鉴》
编写委员会

主　任　华发春　甘肃连城国家级自然保护区管理局

副主任　张宏云　甘肃连城国家级自然保护区管理局

　　　　张文宗　甘肃连城国家级自然保护区管理局

　　　　杨　东　甘肃连城国家级自然保护区管理局

　　　　蒋长生　甘肃连城国家级自然保护区管理局

　　　　朱学泰　西北师范大学生命科学学院

　　　　瞿学方　甘肃连城国家级自然保护区管理局

编写组成员

甘肃连城国家级自然保护区管理局

蒋长生　杨　东　瞿学方　把多亮　张永军　甘华军　满自红

宗山海　陶泽军　郁　斌　李小刚　蔡万旭　杜小发　杨霁琴

李文涛　郁万达　缪伟平

西北师范大学生命科学学院

朱学泰　冶晓燕　景雪梅　刘金喜　彭沛穰　杜　璠　张国晴

赵怡雪

兰州市生态林业试验总场

华彩虹

摄影

朱学泰　蒋长生　冶晓燕　景雪梅　刘金喜　彭沛穰　杜　璠

张国晴　赵怡雪　李小刚　蔡万旭　杨霁琴　杜小发　姜希兵

序 一

当盛夏酷暑刚过，迎来略带凉意的初秋之际，适逢《甘肃连城国家级自然保护区大型真菌图鉴》即将付梓出版，应作者之嘱托，要我作序，一时倍感惶恐不安，担心心有余而力不足。初阅书稿，沉甸甸的分量，顿觉来之不易，价值重大，令人振奋。因此，欣然动笔，写上一些拙见，以期与作者以至广大读者共勉。

本图鉴所述类群为大型真菌（macrofungi），又称蕈、蕈菌、蘑菇或菰（mushroom）。尽管隶属于菌物学（Mycology）的分支学科真菌学（Eumycology），但因其形态以致研究方法与植物较为接近，所以，一般在植物学与真菌学两个学术领域都有它的一席之地。

借此序之便，不妨顺便将我国关于这一人为类群的分类地位交代一下，供读者参考。关于菌类的分类系统，世界上先后发表了很多。

我国于1993年5月，在中国菌物学成立大会上提出一个分类系统，将平常教学上所称谓的菌类中的真核类独立为菌物界（Myceteae、Kingdom myceteae或Mycetalia），又称泛真菌（fungi, Panomyces），分3门：裸菌门（Gymnomycota）、卵菌门（Oomycota）和真菌门（Eumycota）。为了研究、识别以及实际应用方便，通常将真菌门中能形成菌丝组织体（菌核、子座、子实体或根状菌索）的类群称之为大型真菌。

在自然界生态系统中，大型真菌等菌类作为分解者或还原者，在物质循环和能量流动、维持生态平衡中起着不可替代的作用。在甘肃连城国家级自然保护区（以下简称"连城自然保护区"），菌类自然也同样起着这样的作用。就大型真菌而言，除了上述生态价值以外，在生活中还可作为山珍、中草药利用。其中毒蘑菇虽有毒，但准确鉴别后是可以预防的，同时，其毒素也有一定的开发价值。

— 三 —

生态环境决定生态系统。特殊的地理位置和山地地形或地貌导致连城自然保护区形成了独特的生态系统。

连城自然保护区地处青藏高原东部边缘、河西走廊的东南端、黄土高原的西南部。此处是黄土高原、河西走廊戈壁与沙漠地区和青藏高原的交界地带。

连城的地质地貌特征为石质山地与黄土丘陵交错分布，类型复杂多样，丘壑纵横，海拔1870~3616m。大通河由北向南纵穿保护区，将保护区地貌或地形切割为类型不同的东西两部分，形成"两山夹一河"的基本地貌特征，其中西部和北部为石质山地，东部为黄土丘陵和大通河河谷地带。

连城属于黄河流域大通河水系，大通河纵贯连城自然保护区全境，支流众多，水源充沛，是这一地区重要的绿色水库。

连城自然保护区的土壤有3大类：栗钙土（干草原地区）、灰褐土（森林地区）和亚高山草甸土（高海拔寒冷半湿润地区）。

连城属于祁连山地—陇中北部温带半干旱气候区。

上述连城独特的地理位置、复杂的地形地貌、相对海拔高度、地质特征、水文、土壤、气候等生态因子，共同构成了生态环境。可见，生态环境对于生态系统而言，就是皮与毛的关系。保护生态系统与保护生态环境其实就是一码事。

— 四 —

连城自然保护区独特的生态环境形成了相应独特的以山地森林植被为主，包括菌类在内的生态系统。可见，生态系统得以维持，生物赖以生息繁衍的基本生存条件就是生态环境。在自然界的生态系统中，毫无例外的一种现象就是普遍都以植被为主体，主要由植被为菌类等其他生物提供生长发育的场所。在调查研究大型真菌时，了解当地植被是非常重要的。

受生态环境条件的影响，连城自然保护区植被具有明显的山地森林草原的特征，垂直带性分布较为突出，主要有6个植被型、17个植被亚型和27个群系。大体上有如下分布特点：以主要植被类型垂直带性分布划分，自下往上分别有落叶阔叶灌丛带、落叶阔叶林带、针叶林带、亚高山矮林带、高山常绿阔叶灌丛带、温带禾草草原、杂类草草甸及高山草甸带。从坡向看，阴坡或半阴坡有高寒常绿灌丛和高寒落叶灌丛，青海云杉林、红桦林、糙皮桦林、杜鹃-糙皮桦林以及灌丛；在半阳坡或半阴坡，分布有油松林、山杨林白桦林、祁连圆柏林；在山地中下部半阳坡或半阴坡和沟谷两侧，多为青杆与油松混交林或其纯林；在阳坡多为祁连圆柏林、灌丛和草原。

丰富多样的植被类型，加上连城自然保护区76.26%的森林覆盖率，为大型真菌等生物的生息繁衍提供了良好的场所。保护区重点对森林等植被进行保护，其实就是对所有生物的保护。

— 五 —

由于连城自然保护区代表生态系统的植被及其类型发育良好，瑰丽多姿，其物种组成相应的也很丰富，被誉为地方"绿色宝库"或"生物基因库"。据相关资料，连城自然保护区境内分布有各类野生植物109科444属1397种，不但为虫草、羊肚菌以及野蘑菇等大型真菌创造了生存环境，更为重要的是提供了营养物质。另外，也为各类动物栖息繁殖提供了安逸的生活条件。保护区内鸟兽翔集，有野生哺乳类动物34种，鸟类184种。由此可以看出，此处也是大型真菌生长发育的优良场所。

— 六 —

鉴于生态环境、生态系统、植被以及物种是一个密不可分的有机整体，对其进行保护是不言而喻的。为了更进一步扩大我们的知识视野，加深对与保护工作紧密相关的一些科学知识的认识，提高对生物多样性等资源保护的深刻认识，系统了解保护区家底，更好地展开保护工作，重视分类学等基础研究，对保护区有关问题进行扎实的研究是极为必要的，特别是本保护区的一些特殊问题。就保护区的科研工作而言，相对于高等动植物，真菌等低等类群的研究目前仍处于薄弱环节。因此，对大型真菌的研究更具迫切性。

— 七 —

本图鉴是在前期有关工作的基础上编纂而成的。任何单位的建设、科研以至生产等工作，都是逐步完善的，保护区的工作也不例外。连城自然保护区的科研等工作，在前人的不懈努力下，业已取得辉煌的业绩，特别是成立国家级自然保护区以来，随着各项工作的展开，科研工作也取得丰硕成果。自从《连城国家级自然保护区条例》颁布以来，更增强了对保护区野生生物等资源的保护意识和了解欲望。相关科研水平不断提升，取得了一定成绩，如作者前期对保护区牛肝菌、羊肚菌等食用菌就作了重点调查，并投稿发表，取得可喜的业绩。在此基础上，为了进一步系统深入地了解物种资源，作者应势而为，集中展开了对大型真菌的调查研究，其初衷是有价值的，新颖性是明确的。

本图鉴从2017年开始编写，历时4年，于今年成稿付梓，在此期间的艰辛是肯定的。据我了解，作者团队根据保护区科研等工作的需要，借助前期工作的基础，对保护区范围内各类生境条件下生长的大型真菌进行了全面系统的调查采集（先后共采集1800余份）、拍照，进而进行了鉴定，并应用了ITS序列的测序和比对分析，最终将结果归纳整理，以图鉴形式出版，圆满获得丰硕成果。

这一珍贵的成果，与作者对专业的痴迷执着和保护区领导的大力支持以及有关参与者的热心和艰辛是分不开的，凝集着以作者为主的全体合作者的心血和智慧。野外工作期间的跋山涉水、风吹日晒是不可避免的。有道是一分耕耘，一分收获。可否这样说，成就感可以带来幸福感？愿辛勤的付出给作者及其合作者带来一生的幸福！

—— 八 ——

本图鉴图文并茂，首次较系统地展示了祁连山东段大型真菌的物种多样性，报道种类多达285种。作为地方性科普性专著，成绩是显著的。本图鉴的出版面世，为连城林区乃至祁连山地区，特别是祁连山东段大型真菌的研究、保护以及开发利用成果填补了一项空白，甚至无疑也弥补了全省保护区的相关数据。这是该保护区又一学术成果，是保护区科学研究发展史上的一大创举，充分反映了保护区逐步增强的科研实力和不断完善的管理水平，同时也体现了保护区生态文明、精神文明建设迈上了一个新台阶。毫无疑问，其学术价值以至生态效益、社会效益和经济效益将会随着时间的推移日见成效，同时对国际交流与合作也将会起到一定的促进作用。

具体来说，本图鉴的总体价值可总结为如下几点：

在教学、科普方面，可提供科技信息，以便读者更多地了解连城自然保护区山地森林等不同的自然植被景观，识别大型真菌，了解自然资源。

在科研方面，可为研究黄土高原和青藏高原边缘过渡地带生物物种多样性及其起源与演化、分布区系分析、群落结构形成、生境等基础课题提供参考资料。

在保护区管理方面，可为更完善地管理和建设保护区以至进一步科学合理地评价保护区有关保护效果奠定科学基础。

在科学合理地进行物种开发、利用和保护方面，可为相关部门提供一把打开自然物种或基因资源库的钥匙，打通信息通道，以便在这一综合性工作中更好地调整保护区工作与林、草、农、牧以至菌等产业工作之间可持续发展的关系。特别值得一提的是有关菌根菌的认识和利用问题，本图鉴对此类物种作了归纳总结，这对自然植被的恢复，特别是森林的重建工作具有一定的指导意义。

此外，在旅游方面，可以丰富旅游内容或项目。漫山遍野、丰富多彩、琳琅满目的野生蘑菇，不论是观赏、拍照、采食、入药，对游人的诱惑力无疑是肯定的。

甘肃省共有21处国家级自然保护区。位于河西山地森林与荒漠绿洲的国家级自然保护区有8个，即祁连山、连城、民勤连古城、安西（瓜州）、盐池湾（肃北）、安南坝野骆驼（阿克塞）、敦煌西湖、敦煌阳关；位于陇中黄土高原（含天水地区）的有5个，即兴隆山、太子山（临夏）、小陇山、秦州与漳县；位于甘南高原的有5个，即洮河（卓尼、临潭、迭部、合作）、尕海—则岔（碌曲）、多儿（迭部）、莲花山（康乐、临潭、卓尼、临洮、渭源）、黄河首曲（玛曲）；位于陇南山地的有2个，即裕河（武都）、白水江（武都、文县）；位于陇东黄土高原的只有太统—崆峒山国家级自然保护区。据我所掌握的一些有限资料，在甘肃省国家级自然保护区中，尽管有关大型真菌物种多样性方面调查的有零星报道，但调查出版了大型真菌图鉴等专著的目前还很少。

在上述21处国家级自然保护区范围内，目前调查出版了有关真菌物种多样性专著的仅有几处，如在甘肃祁连山国家级自然保护区范围内，于2004年出版了一部《祁连山经济真菌》图谱，记载有103种；又如在太统—崆峒山国家级自然保护区范围内，于2018年由本图鉴作者团队编辑出版了一部《甘肃太统—崆峒山国家级自然保护区大型真菌图鉴》，报道了常见种190种。

在上述21处国家级自然保护区范围内，经不严谨初步统计，零星报道有关大型真菌物种多样性等调查成果的大致有10处，大部分都是以调查研究论文、研究生毕业论文、保护区科考报告、科研项目结题报告等形式零星报道的，时间段在1995—2021年，报道物种从18~294种不等。

除了白水江国家级自然保护区报道有294种（1997年）和多儿国家级自然保护区报道有280种（2010年）以外，相对于上述大多数大型真菌物种多样性调查成果都在255种以下这一现状，本图鉴记载有285种（隶属于67科152属）这一数量还是很有分量的。另外，就国内外新分布以至系统编排整理等丰富的内容而言，可以说，本图鉴在甘肃省处于领先地位。在全国国家级自然保护区相关成果中，也会有本图鉴的一席之地。

本图鉴编纂成册，可谓摄影艺术与专业水平的密切结合，是科学性与艺术性的综合体现。众所周知，描述性学科资料中的插图极为重要。长期以来，插图大都是黑线图。然而，黑线图不但要求绘制者要具备美术学技能，还要具备专业知识，同时耗时费力。随着数码照相技术的普及，目前，数码照片插图大有代替黑线插图的趋势。因此，科技绘制专业人员日渐减少。这也许就是科学技术发展的一种总趋势，时代进步的必然结果吧。数码相机储存量超大、拍照简单、编辑方便、分辨率（或像素）高、色彩逼真，现已成为记载标本等信息的有效手段。本图鉴顺应潮流，通篇插图选用数码照片，充分体现了与时俱进的工作作风。

本图鉴所选照片，有生境照、有整体照、有特写，有些还做了剖面处理，同时还从不同角度、不同部位进行拍摄，可说是独具匠心。照片色彩鲜活、视觉直观，宏观特征明确逼真，有利于图文对照，极大地减轻了鉴别之困。

对每种的描述分中文名、学名（注明发表时间），中文别名，所隶属的科、目、纲和门，形态特征，生态环境，引证标本及其相关信息，以及物种价值等讨论。同时，以英文字母排序，列有中文名索引和学名索引，便于查找，足见本图鉴内容丰富而系统。

发现了一些难得的分布新类群，实属不易。特别是一些国内分布新记录，丰富了国内大型真菌的物种多样性。

通过分子系统学技术ITS序列的测序和比对分析，对一些系统发育种进行了初步识别，疑为新种，给予提示，以便作者自己或同行学者日后进一步研究。将分子生物学技术具体应用到分类鉴定中，是一种尝试和引领，值得普及。同时，作者将珍贵的科研信息无私分享，并具体指出了实际特征。这一高尚品质和务实学风值得大力提倡。

在对物种宏观形态特征描述时，大小特征采用了长度定量标准。相对于传统形态分类学多采取定性方式而言，这无疑是一种进步，值得发扬光大。

对食、药用真菌以及菌根菌等资源真菌进行了集中整理，有利于开发利用参考。

—— 九 ——

相对于作者的学术水平和愿望，本图鉴似乎存在一些遗憾，如标本鉴定的彻底性、疑似标本的进一步确定，以及保护区境内大型真菌物种多样性系统调查等，如若有条件，可争取将此遗憾转变为圆满，在此图鉴的基础上，进行类似小志的努力。当然，大型真菌的生物学特性决定了其标本采集的难度，一是出菇时间有限，二是出菇与否不定，这就给系统调查增添了诸多不便；至于疑难标本的鉴定，则是一项深入细致的专业性极强的工作，要求在短期内出成果也是不现实的。尽管美中有不足，但瑕不掩瑜，本图鉴仍不失为一部集学术性与艺术性于一体的科普性专著。

在总论中，分别集中列出了纲、目、科名录。这一形式似有分散分类系统，或使之脱节之嫌，仅供斟酌。

借本序之便，我在此对本图鉴的出版谨表衷心的祝贺！期望作者再接再厉，在甘肃乃至西北大型真菌分类领域作出更大成绩，促使传统分类学这颗沧桑大树不断发嫩芽，长分枝，结奇果！

兰州大学生命科学学院

2021年8月17日

序 二

　　甘肃连城国家级自然保护区是以保护天然青杆林、祁连圆柏林及其森林生态系统为主的自然保护区，保护区内分布有众多的野生动植物资源，同时也分布有多种大型真菌，这些物种资源共同组成了保护区丰富的生物多样性，是我国西部重要的森林生态系统。2003年，甘肃连城国家级自然保护区开展第一次综合科学考察，调查整理出保护区大型真菌14科29属29种，其中以食用菌、药用菌及菌根菌较多。此后，保护区组织专业技术人员对保护区内的大型真菌进行了持续的调查监测，在红菇科、羊肚菌科等资源方面均有新的调查研究成果，同时保护区也尝试开展中药材资源猪苓的栽培技术研究和种植推广工作，不断取得新的突破和进展，为保护区进一步开展大型真菌资源的保护和利用做了一定的前期工作。

　　此次《甘肃连城国家级自然保护区大型真菌图鉴》的付梓出版，是在保护区多年来开展的大型真菌资源野外调查和监测的基础上，在西北师范大学生命科学学院大力支持和精诚合作下，共同努力完成的。菌类调查受菌物生长期短、物种数量庞大、个体难以区分等方面的制约，困难重重，但本图鉴作者及其团队共克时艰，经过多年的努力研究整理出保护区分布的285种大型真菌，首次发现了很多珍贵真菌物种，系统展示了甘肃连城国家级自然保护区丰富的大型真菌资源，为保护区生物多样性工作作出了重要的贡献，在这里为他们的工作成果感到骄傲和祝贺！对参加调查的西北师范大学生命科学学院的师生们表示感谢！

　　本图鉴的出版，不仅展示了甘肃连城国家级自然保护区林下丰富多样的真菌资源，也为保护区开展更多更深入的菌类栽培利用与保护提供了基础信息，为大型真菌的科普、宣传、教育工作提供了重要支持，是一本集科学研究与科普教育于一体的生物多样性图鉴。

希望借这本图鉴的出版，呼吁更多热爱保护区、热爱菌物开发研究的仁人志士加入保护区菌物研究开发的工作中，为保护区物种多样性、菌物多样性及菌物开发利用方面的深入研究作贡献。

甘肃连城国家级自然保护区管理局党委书记、局长

2021年8月

前　言

《甘肃连城国家级自然保护区大型真菌图鉴》是第一部全面展现连城国家级自然保护区大型真菌物种资源的专著，在此之前，该区域大型真菌的物种尚未开展过全面、系统的调查研究。本书的出版将为人们认识、保护和开发利用该地区的大型真菌的种质资源提供科学依据。

本书分为总论和各论两部分。总论部分主要介绍了连城国家级自然保护区的生态环境特征与植被状况及大型真菌的物种多样性概况。各论部分详细介绍了分布于保护区的285种大型真菌的学名、中文名、主要形态特征、生态习性、采集时间与地点、应用情况及经济价值等信息。为方便其他学者后期进一步研究，书中所有物种都引证了研究标本，多数引证标本现保存于西北师范大学微生物研究所标本室，部分标本保存于中国科学院昆明植物研究所标本馆隐花植物标本室。书末还附有主要参考文献、物种中文名和学名索引，方便读者使用。

本书的研究工作是在甘肃连城国家级自然保护区管理局前期调查积累的基础上与西北师范大学大型真菌资源与分类研究团队精诚合作下完成的，在甘肃连城国家级自然保护区管理局天保经费支持下得以顺利出版，此外相关研究工作还得到国家自然科学基金项目（31770588，白龙江—洮河林区毒蘑菇的物种多样性与致死毒素研究）、甘肃省荒漠化与风沙灾害防治重点实验室开放基金（GSDC201901）和西北师范大学生命科学学院学科团队项目的支持。在此，谨向支持、关心和帮助过本书面世的同仁及朋友们表示衷心的感谢！

因编著者学识有限，不妥与错误之处难免存在，恳请读者批评指正，以便将来进一步改进。

编著者

2021年7月于兰州

目 录

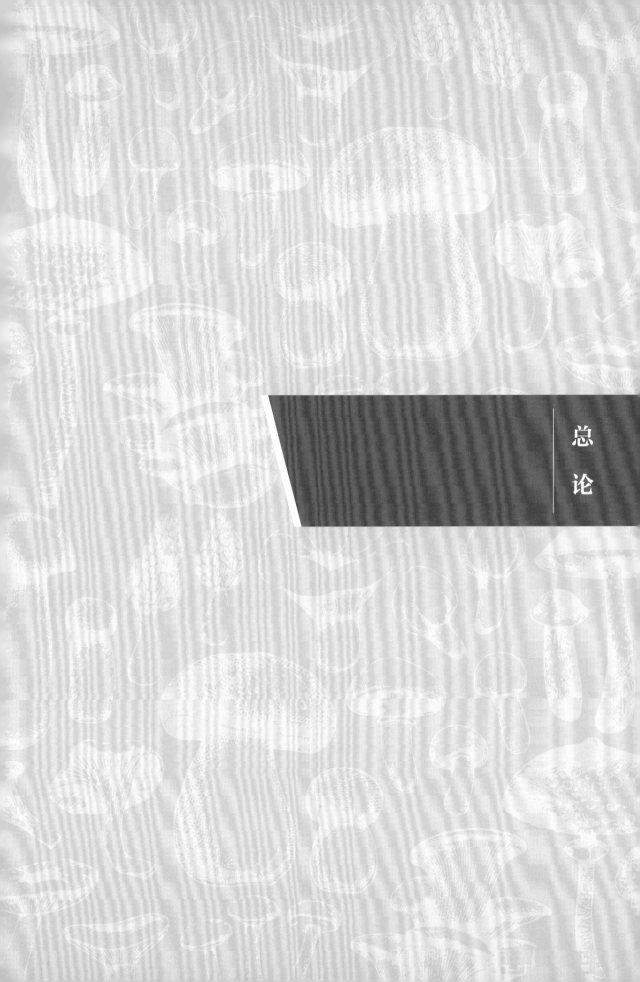

总

论

1. 自然概况

甘肃连城国家级自然保护区（以下简称"连城自然保护区"），位于甘肃省兰州市永登县西南部，距离兰州市区140km，地处黄河流域湟水河的主要支流大通河中下游，是青藏高原、黄土高原、祁连山脉与陇西沉降盆地之间最为明显的交接过渡地带，属祁连山东南部冷龙岭余脉山地，地理坐标为东经102°36′~102°55′，北纬36°33′~36°48′。东以永登县民乐乡普贯山为界，西临青海省乐都县，西北与青海互助县北山林场为邻，东北与天祝藏族自治县古城林场相连，总面积47930hm²，其中，核心区域14223.1hm²，缓冲区13189.4hm²，实验区20517.5hm²。连城自然保护区下辖大有、民乐、桥头、天王沟、吐鲁沟、指南北、竹林沟、淌沟8个保护站。

连城自然保护区的地形特征可概括为"两山夹一河"，纵贯全区的大通河将保护区分成地貌截然不同的两个部分，其中，西部属祁连山山脉东延的余脉，表现为中等切割的中山地貌，多为陡峭的石质山地，坡度在45°以上；东部则与黄土高原相连，为黄土地貌。保护区海拔在1950~3616m，整体上西高东低。在大通河两侧，鱼骨状排列着大岗子沟、小岗子沟、指南北沟、吐鲁沟、竹林沟、棚子沟、铁城沟、小杏儿沟、天王沟、苏都沟、水磨沟等沟系。

连城自然保护区属于祁连山地—陇中北部的温带半干旱气候区。由于深居内陆，远离海洋，受地形和大气环流的影响，具有明显的温带大陆性气候特征，冬季寒冷干旱，春季多风少雨，夏无酷暑，秋季温凉；由于相对高差较大，山地气候的垂直地带性比较显著。连城自然保护区年平均气温7.4℃，极端最高气温为30.9℃，极端最低气温为−26.5℃，无霜期125~135d；雨量少而集中，年均降水量419mm，主要集中于6~9月，占全年降水量的60%，日照比较丰富，年蒸发量1542mm。

连城自然保护区土壤以栗钙土为基带，随着海拔高度的增加，呈明显的垂直带谱变化，由低向高依次为山地栗钙土及淡栗钙土带、山地森林灰褐土及淋溶灰褐土带、山地草原及山地森林草甸草原带、亚高山灌丛草甸土带及山地草原草甸土带。

连城自然保护区是我国西北干旱地区重要的森林分布区，属森林生态系统类型自然保护区，由于地处黄土高原向青藏高原的过渡地带，生态环境多样，发育了以天然青杆林、祁连圆柏林和青海云杉林为主体，垂直分布带明显、结构复杂的森林生态系统，拥有寒温性针叶林、温性针叶林、落叶阔叶

青杆林

红桦林

高山灌丛

高山草甸

林、常绿阔叶灌丛、落叶阔叶灌丛、温带禾草、杂类草草甸等植被型。据调查，保护区有植物109科444属1397种。

2. 大型真菌物种多样性及分布特征

　　大型真菌即广义所指的蘑菇，又称蕈菌（mushroom或macrofungi），是真菌界中能够形成肉眼可见子实体的类群，包含担子菌门和子囊菌门中的一部分物种。

　　因为具有可被采摘利用的子实体，大型真菌是真菌界中最早为人类所认知的类群，有些大型真菌味道鲜美、营养丰富，是家喻户晓的"山珍"，如松口蘑（松茸）、块菌（松露）、干巴菌等；其中一些经过科技工作者的努力，已经实现了人工栽培，如双孢蘑菇、东亚冬菇（金针菇）、香菇、大球盖菇（赤松茸）、羊肚菌等，到了百姓家的餐桌上；还有一些大型真菌子实体有很高的药用价值，如灵芝、冬虫夏草、蛹虫草、猪苓、茯苓等，经历了传统医学的长期实践检验，至今仍作为重要中药材在为人类健康服务，目前依然是新药物筛选方面医药学和生物学界的重点关注对象，相关的研究成果已经产生了巨大的社会和经济效益。与此同时，有些大型真菌含有毒素，误采误食会引起人和动物中毒，严重者甚至会付出生命的代价，给人们留下了惨痛的记忆。

在生态学方面，大型真菌作为异养生物，腐生在枯枝落叶及腐木上，或生长在地表腐殖质层上，或生于牲畜粪便及粪肥充足的沃土上，或与植物根系形成共生菌根，作为有机物的分解者，在地球生态系统的物质循环与能量流动方面起着不可或缺的作用。大型真菌资源是森林生态系统中物种多样性组成的重要组成部分，菌根真菌的多样性决定了植物的多样性、生态系统的稳定性和生产率。

李玉院士等根据大型真菌的水平分布特点，将我国的大型真菌自然资源按照地理区域划分为了东北地区、华北地区、华中地区、华南地区、内蒙古地区、西北地区和青藏地区。连城自然保护区位于西北地区和青藏地区的接合处，处于黄土高原向青藏高原的过渡地带，独特的地理位置和气候环境、复杂的地形地貌以及多样的植物区系，为大型真菌的生长和繁殖提供了良好的生境。然而，与动植物的调查分析研究相比，大型真菌方面的研究一直缺乏系统性的工作。因此，研究该区域大型真菌的物种多样性和分布特点，不仅能用于指导保护区的生态环境建设、自然资源保护和旅游业的合理发展，还能为该区大型真菌生物资源的开发和农、林、牧业的合理规划与利用提供重要的参考，同时也在研究黄土高原向青藏高原过渡地带生物多样性及物种持续演化方面具有重要意义，能为我国生物区系分区提供进一步的科学依据，为生态过渡区物种的演化机制提供理论依据。

通过在连城自然保护区逾4年的系统标本采集，共采获大型真菌标本1800余份，依据宏观、显微形态特征和生态特征，以及ITS序列的测序和比对分析，共鉴别出大型真菌67科152属285种。该区域的大型真菌子实体出菇期主要集中在7~10月，其中7月下旬至10月上旬为出菇盛期。

连城自然保护区大型真菌含2门，即担子菌门Basidiomycota和子囊菌门Ascomycota；7纲，即地舌菌纲Geoglossomycetes、锤舌菌纲Leotiomycetes、盘菌纲Pezizomycetes、粪壳菌纲Sordariomycetes、伞菌纲Agaricomycetes、花耳纲Dacrymycetes、银耳纲Tremellomycetes；18目，即地舌菌目Geoglossales、柔膜菌目Helotiales、肉座菌目Hypocreales、盘菌目Pezizales、炭角菌目Xylariales、伞菌目Agaricales、木耳目Auriculariales、花耳目Dacrymycetales、银耳目Tremellales、牛肝菌目Boletales、鸡油菌目Cantharellales、地星目Geastrales、钉菇目Gomphales、锈革孔菌目Hymenochaetales、鬼笔目

Phallales、多孔菌目Polyporales、红菇目Russulales、革菌目Thelephorales。其中，伞菌目有182种，占总种数的63.9%。

连城自然保护区分布有大型真菌67科，分别为蘑菇科Agaricaceae、鹅膏科Amanitaceae、木耳科Auriculariaceae、耳匙菌科Auriscalpiaceae、烟白齿菌科Bankeraceae、粪锈伞科Bolbitiaceae、牛肝菌科Boletaceae、刺孢多孔菌科Bondarzewiaceae、胶瘤菌科Carcinomycetaceae、绿杯盘菌科Chlorociboriaceae、虫草科Cordycipitaceae、丝膜菌科Cortinariaceae、靴耳科Crepidotaceae、挂钟菌科Cyphellaceae、花耳科Dacrymycetaceae、平盘菌科Discinaceae、粉褶菌科Entolomataceae、地星科Geastraceae、胶质盘菌科Gelatinodiscaceae、地舌菌科Geoglossaceae、钉菇科Gomphaceae、铆钉菇科Gomphidiaceae、柔膜菌科Helotiaceae、马鞍菌科Helvellaceae、猴头菇科Hericiaceae、齿菌科Hydnaceae、轴腹菌科Hydnangiaceae、蜡伞科Hygrophoraceae、拟蜡伞科Hygrophoropsidaceae、锈革孔菌科Hymenochaetaceae、层腹菌科Hymenogastraceae、炭团菌科Hypoxylaceae、结晶伏孔菌科Incrustoporiaceae、丝盖伞科Inocybaceae、耙齿菌科Irpicaceae、马勃科Lycoperdaceae、离褶伞科Lyophyllaceae、大囊伞科Macrocystidiaceae、小皮伞科Marasmiaceae、羊肚菌科Morchellaceae、小菇科Mycenaceae、类脐菇科Omphalotaceae、线虫草科Ophiocordycipitaceae、锐孔菌科Oxyporaceae、隔孢伏革菌科Peniophoraceae、盘菌科Pezizaceae、鬼笔科Phallaceae、膨瑚菌科Physalacriaceae、侧耳科Pleurotaceae、光柄菇科Pluteaceae、多孔菌科Polyporaceae、小脆柄菇科Psathyrellaceae、假杯伞科Pseudoclitocybaceae、羽瑚菌科Pterulaceae、火丝菌科Pyronemataceae、红菇科Russulaceae、肉杯菌科Sarcoscyphaceae、裂褶菌科Schizophyllaceae、齿耳菌科Steccherinaceae、韧革菌科Stereaceae、球盖菇科Strophariaceae、乳牛肝菌科Suillaceae、革菌科Thelephoraceae、银耳科Tremellaceae、口蘑科Tricholomataceae、假脐菇科Tubariaceae、炭角菌科Xylariaceae。其中，物种最多的是蘑菇科（23种），小脆柄菇科（17种）、丝盖伞科（14种）、多孔菌科（16种）、层腹菌科（11种）、小菇科（10种）和红菇科（9种）在物种数上也占一定的优势。

对连城自然保护区的食、药用菌物种进行分析，结果显示，该区域的食用菌以口蘑科、红菇科和蘑菇科中的种类为主；在该区域分布的152属大型真菌中，经济价值较大的属有线虫草属Ophiocordyceps、羊肚菌属Morchella、蘑菇属Agaricus、香蘑属Lepista、丽蘑属Calocybe、口蘑属Tricholoma、蜜环菌属Armillaria、冬菇属Flammulina、多孔菌属Polyporus、红菇属Russula、乳菇属*Lactarius*、银耳属*Tremella*、侧耳属*Pleurotus*、离褶伞属*Lyophyllum*、裂褶菌属*Schizophyllum*、丝膜菌属*Cortinarius*、马勃属*Lycoperdon*等。

但同时，该区域也分布着黄斑蘑菇*Agaricus xanthodermus*、锐鳞棘皮菌*Echinoderma asperum*、纹缘盔孢伞*Galerina marginata*、沟条盔孢伞*Galerina vittiformis*、赭黄裸伞*Gymnopilus penetrans*、斑纹丝盖伞*Inocybe maculata*、光帽丝盖伞*Inocybe nitidiuscula*、绒边乳菇*Lactarius pubescens*、窝柄黄乳菇*Lactarius scrobiculatus*、栗色环柄菇*Lepiota castanea*、细环柄菇*Lepiota clypeolaria*、冠状环柄菇*Lepiota cristata*、凯莱红菇*Russula queletii*等有毒蘑菇。由于某些毒蘑菇的外形与可食蘑菇十分相似，容易发生误采误食，轻则损害身体健康，重则危及生命。因此，需加强野生食用菌知识的普及，向群众宣传食用菌和毒菌的鉴别方法，以防止毒菌中毒。

连城自然保护区还分布着60余种外生菌根菌，主要属于红菇属、丝膜菌属、乳菇属、疣柄牛肝属、粘盖牛肝菌属等，这些真菌多与保护区森林生态系统的建群树种，如青海云杉、青杆、白桦、红桦、紫桦、油松、山杨等，形成外生菌根。外生菌根可以扩大宿主植物根系的吸收面积和范围，提高对营养元素的吸收和利用效率，并且可以提高宿主植物的抗病和抗逆性。有效利用这些本土的外生菌根菌资源，对发展保护区的林业育苗、促进林木生长发育以及绿化荒山有重要意义。

由于地处黄土高原和青藏地区交接地带，连城自然保护区还存在一些分布较为独特的大型真菌物种，例如，本次科考采集得到了1号露伞*Chamaemyces fracidus*的标本，该物种此前在我国只报道有2号标本，分别采自北京和西藏昌都，本次发现对于认识该物种在我国的分布有重要意义。此外，本研究还发现了12个中国新记录种，如魏氏小皮伞、稠褶裸脚伞、路边小鬼伞、类冠环柄菇、褐美丝膜菌、暗紫粉褶菌、易萎拟鬼伞、一本芒小脆柄菇、紫果小脆柄菇、蓝绿球盖菇、普氏拟鸡油菌和山地丝盖伞等，本书根据其学名的含义等信息，新拟了中文名称。

在连城自然保护区的科考过程中，还通过分子系统学研究识别出了一些系统发育种，疑为新种，但尚未正式发表，所以在本书中以"×××近似种"的形式呈现。待进一步补充标本进行系统研究，能准确把握物种的形态特征并进行分类学描述后正式发表。

本书在描述物种的宏观形态特征时，子实体大小的衡量采用了学界通用的"Bas标准"。其中，"很小"指菌盖直径小于3cm；"小型"指菌盖直径3～5cm；"中型"为菌盖直径5～9cm；"大型"指菌盖直径9～15cm；"很大"

指菌盖直径大于15cm。

　　本书所描述的物种，依次按照其所属的"门、纲、目、科、属"的首字母顺序排列，同一属内的物种，按种加词首字母排序，以方便读者查阅使用。

　　大型真菌的菌丝体虽然可以在自然界存活很多年，但其子实体的产生却是偶发的、不连续的，会受到温度、湿度、营养状况以及动植物等多种因素的微妙作用。此外，大型真菌的子实体一般存在时间不长，大多数日，短则不足一天就会腐烂消亡。由于以上原因，必然会有一些实际分布的物种因为不出菇，或考察时间与出菇期不吻合，而未被采集到子实体，物种多样性研究结果难免挂一漏万。本研究结果抛砖引玉，希望引起更多专业人士和爱好者对连城自然保护区大型真菌的研究兴趣，相信随着研究队伍的壮大、研究工作的持续和深入，本区域的大型真菌物种资源信息必将更加丰富、全面和准确。

子囊菌门
Ascomycota

各论

黑地舌菌

Geoglossum nigritum (Pers.) Cooke 1878

分类地位 地舌菌纲Geoglossomycetes/地舌菌目Geoglossales/地舌菌科Geoglossaceae

形态特征 子囊果小至中型，舌形至长舌形，高4~8cm，粗0.2~0.5cm，黑色。可育部分扁平，约为总高的1/3~1/2；不育部分近圆柱形。子囊长棒形，（170~240）μm×（17~20）μm，具8枚子囊孢子；孢子棒状至圆柱形，下端稍窄，（75~95）μm×（4~6）μm，常具隔膜，初期无色，成熟后变褐色。

生　　境 夏秋季单生于针阔混交林中苔藓上。

引证标本 棚子沟，海拔1941m，2020年10月2日，张国晴135。

变绿杯盘菌

Chlorociboria aeruginascens (Nyl.) Kanouse ex C. S. Ramamurthi, Korf & L. R. Batra 1958

分类地位 锤舌菌纲Leotiomycetes/柔膜菌目Helotiales/绿杯盘菌科 Chlorociboriaceae

形态特征 子囊盘很小，盘状，直径0.3~1cm，表面深蓝绿色，光滑；边缘稍内卷或波状。菌柄很短，长0.1~0.5cm，粗约0.1cm。子囊长棒状，（70~100）μm×（6~8）μm，具8枚子囊孢子；子囊孢子长椭圆形，（6~8）μm×（2~3）μm，光滑，无色。

生　境 夏秋季群生于腐木上。

引证标本 桥头保护站福儿沟，海拔2150m，2009年9月23日，蒋长生14。

山毛榉胶盘菌

Ascotremella faginea (Peck) Seaver 1930

分类地位 锤舌菌纲Leotiomycetes/柔膜菌目Helotiales/胶质盘菌科Gelatinodiscaceae

形态特征 子囊果很小或小型，裂片状至脑状，胶质，无柄，直径2~3.5cm；表面紫褐色至红紫色。子囊近柱状，（50~60）μm×（10~14）μm，具8枚子囊孢子；子囊孢子窄椭圆形，（6.5~8）μm×（3.5~4.5）μm，平滑，无色。

生　境 夏秋季聚生于林中腐木上。

引证标本 淌沟保护站棚子沟，海拔2010m，2020年10月2日，朱学泰4105。

橘色小双孢盘菌

Bisporella citrina (Batsch) Korf & S. E. Carp. 1974

分类地位 锤舌菌纲Leotiomycetes/柔膜菌目Helotiales/胶质盘菌科Gelatinodiscaceae

形态特征 子囊盘很小，杯状或浅盘状，直径0.2～0.5cm。子实层位于子囊盘上表面，柠檬黄色至橘黄色，光滑；子层托颜色稍浅，覆粉状颗粒。柄很短，长0.1～0.3cm，粗约0.1cm。子囊长棒状，（100～140）μm×（7～10）μm，具8枚子囊孢子；子囊孢子椭圆形，（8～14）μm×（3～5）μm，平滑，成熟后常具横隔。

生　境 夏秋季生群生于阔叶树腐木上。

引证标本 大吐鲁沟，海拔2325m，2020年10月3日，张国晴173。

小晚膜盘菌

Hymenoscyphus microserotinus (W. Y. Zhuang) W. Y. Zhuang 2007

分类地位 锤舌菌纲Leotiomycetes/柔膜菌目Helotiales/柔膜菌科Helotiaceae

形态特征 子囊盘很小，盘状至浅杯状，直径0.5～2mm。子实层位于子囊盘上表面，污白色、米黄色至黄色；子层托颜色稍浅，污白色至米色。菌柄长0.5～1mm，粗约0.5mm，污白至米色，光滑。子囊棒状，（50～100）μm×（6～10）μm，具8枚子囊孢子；子囊孢子椭圆形，（10～20）μm×（3～5）μm，无色，光滑。

生 境 夏秋季群生于树叶或草本植物茎上。

引证标本 窑洞沟，海拔2002m，2020年8月9日，朱学泰3931。

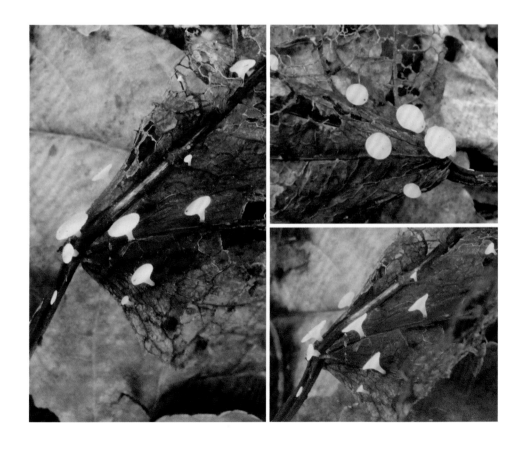

四川鹿花菌

Gyromitra sichuanensis Korf & W. Y. Zhuang 1985

分类地位　盘菌纲Pezizomycetes/盘菌目Pezizales/平盘菌科Discinaceae

形态特征　子囊果小至中型，高5～7cm。头部近马鞍形，高2～4cm，宽3～4cm。子实层面红褐色，表面凹凸不平。菌柄近圆柱形，长3～4cm，粗约1cm，污白色，被灰白色绒毛。子囊长棒状，（180～190）μm×（12～14.5）μm，内含8枚子囊孢子；子囊孢子椭圆形，两端钝圆，（17～21）μm×（7～9）μm，淡黄色，具嗜蓝色的细小纹饰。

生　境　夏秋季多生于亚高山针阔混交林中地上。

引证标本　桥头保护站细沟掌，海拔3143m，2010年7月20日，蒋长生07。

讨　论　该种子囊果含有鹿花菌素，误食后引起溶血症状，不可食用。

白柄马鞍菌

Helvella albella Quél. 1896

分类地位 盘菌纲Pezizomycetes/盘菌目Pezizales/马鞍菌科Helvellaceae

形态特征 子囊果小型。头部马鞍形，宽0.5~3cm，成熟后边缘反卷。子实层表面灰褐色至暗灰褐色；不育面白色，覆粉末状鳞片。菌柄圆柱形，长3~5cm，粗0.3~0.5cm，白色，光滑，中实。子囊长棒状，（200~260）μm×（15~18）μm，具8枚子囊孢子；子囊孢子椭圆形，（20~23）μm×（12~14）μm，无色，光滑。

生　境 夏秋季散生或群生于针叶林中苔藓上。

引证标本 桥头保护站大南沟，海拔2270m，2019年9月26日，刘金喜621。竹林沟，海拔2440m，2019年9月27日，冶晓燕614；竹林沟，海拔2440m，2019年9月27日，冶晓燕615；竹林沟，海拔2440m，2019年9月27日，冶晓燕617；竹林沟，海拔2440m，2019年9月27日，冶晓燕623；竹林沟，海拔2440m，2019年9月27日，刘金喜667；竹林沟，海拔2440m，2019年9月27日，刘金喜684；竹林沟，海拔2440m，2019年9月27日，景雪梅486。桥头保护站小杏儿沟，海拔2380m，2019年9月25日，刘金喜586；桥头保护站小杏儿沟，海拔2380m，2019年9月25日，刘金喜596。淌沟保护站轱辘沟，海拔2210m，2019年8月4日，朱学泰3302。棚子沟，海拔2010m，2020年10月2日，朱学泰4118；棚子沟，海拔2010m，2020年10月2日，朱学泰4123。

讨　论 该种在连城自然保护区常见，但食毒性不明，不建议采食。

弹性马鞍菌

Helvella elastica Bull. 1785

分类地位　盘菌纲Pezizomycetes/盘菌目Pezizales/马鞍菌科Helvellaceae

形态特征　子囊果小型。头部呈盘状，直径2~4cm。子实层面蛋壳色、褐色至黑褐色，表面常凹凸不平；不育面污白色，覆粉末状鳞片。菌柄圆柱形，长4~8cm，粗0.5~0.8cm，污白色至灰褐色。子囊长棒状，（200~280）μm×（14~22）μm，具8枚子囊孢子；子囊孢子椭圆形，（17~22）μm×（10~14）μm，无色，光滑。

生　境　夏秋季单生或散生于针叶林中地上。

引证标本　淌沟保护站棚子沟，海拔2020m，2019年9月28日，冶晓燕651；淌沟保护站棚子沟，海拔2020m，2019年9月28日，景雪梅543；淌沟保护站棚子沟，2020年10月2日，冶晓燕979。大南沟，海拔2270m，2019年9月26日，景雪梅481；大南沟，海拔2270m，2019年9月26日，冶晓燕559。

讨　论　据记载孢子有毒，将孢子洗净后可以食用。

阔孢马鞍菌

Helvella latispora Boud. 1898

分类地位 盘菌纲Pezizomycetes/盘菌目Pezizales/马鞍菌科Helvellaceae

形态特征 子囊果小型。头部呈压扁状马鞍形，高1~2cm，宽1.5~2.5cm，边缘常反卷。子实层面棕灰色至灰褐色，光滑；不育面浅灰褐色，覆粉末状鳞片。菌柄圆柱形，长4~5cm，粗0.4~0.6cm，白色至黄灰色。子囊长棒状，（250~300）µm×（12~15）µm，具8枚子囊孢子；子囊孢子宽椭圆形，（17~21）µm×（11~13）µm，光滑，无色。

生　境 夏秋季单生或群生于阔叶林中沙石地上。

引证标本 桥头保护站小杏儿沟，海拔2380m，2020年10月6日，杜璠124。

斑点马鞍菌

Helvella maculatoides Q. Zhao & K. D. Hyde 2016

分类地位 盘菌纲Pezizomycetes/盘菌目Pezizales/马鞍菌科Helvellaceae

形态特征 子囊果小型。头部不规则瓣片状，宽1~2.5cm。子实层面波状凹凸不平，灰褐色至深褐色，密布浅色斑点；不育面浅灰褐色，覆粉末状鳞片。菌柄圆柱形，长3~6cm，粗0.5~1.5cm，污白色至灰褐色，有纵向深槽和纵棱。子囊长棒状，（270~350）μm×（18~20）μm，具8枚子囊孢子；子囊孢子宽椭圆形，（18~22）μm×（11.5~15）μm，光滑，无色。

生　　境 夏秋季单生或群生于云杉林中苔藓上。

引证标本 桥头保护站大南沟，海拔2270m，2019年9月26日，景雪梅476。棚子沟，海拔2010m，2020年10月2日，张国晴153；棚子沟，海拔2010m，2020年10月2日，冶晓燕967。

东方皱马鞍菌

Helvella orienticrispa Q. Zhao, Zhu L. Yang & K. D. Hyde 2015

分类地位 盘菌纲Pezizomycetes/盘菌目Pezizales/马鞍菌科Helvellaceae

形态特征 子囊果小型。头部不规则瓣片状，宽2～4cm；子实层表面污白色至淡黄色；不育面浅黄色，覆粉末状鳞片。菌柄圆柱形，长3～5cm，粗1～2cm，白色至污白色，有纵向深槽和纵棱。子囊长棒状，（260～280）μm×（14～17）μm，具8枚子囊孢子；子囊孢子宽椭圆形，（16～19）μm×（10～13）μm，光滑，无色。

生　境 夏秋季单生或群生于针叶林中地上。

引证标本 竹林沟，海拔2450m，2019年9月27日，冶晓燕575；竹林沟，海拔2450m，2019年9月27日，景雪梅489。

假反卷马鞍菌

Helvella pseudoreflexa Q. Zhao, Zhu L. Yang & K. D. Hyde 2015

分类地位 盘菌纲Pezizomycetes/盘菌目Pezizales/马鞍菌科Helvellaceae

形态特征 子囊果小型。头部初期马鞍状，成熟后呈不规则瓣片状，宽1～3cm。子实层表面污白色至淡黄色；不育面污白色，覆粉末状鳞片。菌柄圆柱形，长5～8cm，粗1～2.5cm，白色至污白色，有纵向深槽和纵棱。子囊长棒状，（250～350）μm×（15～18）μm，具8枚子囊孢子；子囊孢子宽椭圆形，（15～19）μm×（10～12）μm，光滑，无色。

生 境 夏秋季单生或群生于阔叶林中地上。

引证标本 大有保护站，海拔2650m，2020年10月4日，冶晓燕1031。

高羊肚菌近似种（Mel-13）
Morchella aff. *elata*

分类地位 盘菌纲Pezizomycetes/盘菌目Pezizales/羊肚菌科Morchellaceae

形态特征 子囊果小至中型，高6～20cm。头部近圆锥状，高3～10cm，粗2～5cm；表面具凹坑，似羊肚状，凹洼处幼时浅灰色至淡黄色，成熟后为深褐色，棱脊幼时灰白色至灰色，成熟后深灰褐色至黑色。菌柄长5～10cm，粗1.5～4cm，白色至浅黄褐色，被粉末状鳞片。子囊圆柱形，（220～300）μm×（15～25）μm，具8枚子囊孢子；子囊孢子椭圆形，（22～28）μm×（12～14）μm，光滑。

生　境 春夏季生于阔叶林或针阔混交林中地上，在杨树林中常见。

引证标本 民乐保护站卜洞沟，海拔2450m，2020年5月1日，蒋长生15。

讨　论 可食。分子系统研究结果显示，该种属于黑色羊肚菌支系（Elata Clade），并被记为Mel-13，被学界广泛沿用至今，但一直未被正式命名发表；已有研究证实该种可进行人工栽培。

易水羊肚菌参照种

Morchella cf. *yishuica*

分类地位 盘菌纲Pezizomycetes/盘菌目Pezizales/羊肚菌科Morchellaceae

形态特征 子囊果小至中型，高5～8cm。头部近圆锥状，高3～4.5cm，粗2.5～3.5cm；表面具凹坑，似羊肚状，凹坑直径可达1cm，浅灰色至黄褐色，棱脊灰白色至深灰褐色。菌柄长2～4cm，粗1.5～2.5cm，白色至浅黄褐色，覆粉末状鳞片。子囊圆柱形，（220～280）μm×（12～18）μm，具8枚子囊孢子；子囊孢子椭圆形，（19～23）μm×（10～13）μm，光滑。

生　境 春夏季生于阔叶林或针阔混交林中地上。

引证标本 民乐保护站卜洞沟，海拔2500m，2020年5月1日，蒋长生16。

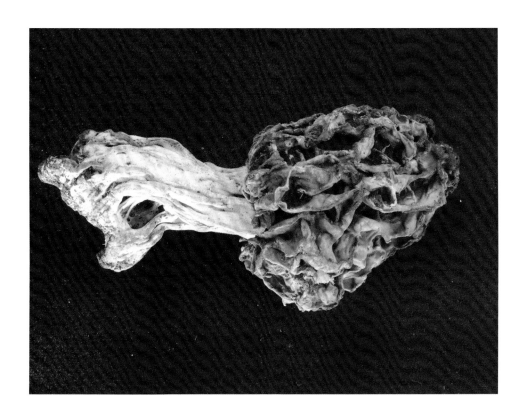

皱盖钟菌

Verpa bohemica (Krombh.) J. Schröt.

分类地位　盘菌纲Pezizomycetes/盘菌目Pezizales/羊肚菌科Morchellaceae

形态特征　子囊果小至中型。菌盖直径2~4cm，钟形至半球形，表面具近网格状的皱褶，黄褐色至灰褐色，肉质，脆。头部仅中央与柄相连。菌柄近圆柱形，长5~10cm，粗1~2.5cm，向下渐粗，乳白色至浅土褐色，中空。子囊圆柱形，（270~350）μm×（15~24）μm，常具2枚子囊孢子；子囊孢子长椭圆形，（60~80）μm×（13~18）μm，光滑，有时稍弯曲。

生　境　晚春时单生或散生于林中地上。

引证标本　桥头保护站曲红土沟，海拔2200m，2019年5月28日，蒋长生18。

指状钟菌

Verpa digitaliformis Pers. 1822

分类地位 盘菌纲Pezizomycetes/盘菌目Pezizales/羊肚菌科Morchellaceae

形态特征 子囊果小型。菌盖直径1~3cm，钟形至半球形，表面光滑或具浅皱褶，黄褐色至暗褐色，肉质，脆。头部仅中央与柄相连。菌柄近圆柱形，长3~6cm，粗0.5~1.5cm，向下渐粗，乳白色，中空。子囊圆柱形，（230~280）μm×（14~20）μm，常具8枚子囊孢子；子囊孢子长椭圆形，（22~26）μm×（11~14）μm，无色，光滑。

生　境 晚春时单生或散生于阔叶林中地上。

引证标本 吐鲁沟前沟，海拔2150m，2010年5月18日，蒋长生19。

讨　论 据记载可食用。

甜盘菌

Paragalactinia succosa (Berk.) van Vooren 2020

分类地位 盘菌纲Pezizomycetes/盘菌目Pezizales/盘菌科Pezizaceae

形态特征 子囊盘很小或小型，直径1.5～4cm，杯状至浅盘状。子实层位于子囊盘上表面，米黄色、灰褐色至黄褐色，平滑。子层托色稍淡，有时水渍状，平滑，或具微绒毛。无柄。子囊（250～340）µm×（14～18）µm，长棒状，具8枚子囊孢子；子囊孢子椭圆形，（15～18）µm×（7～9）µm，无色，表面具疣突。

生　境 夏秋季散生或丛生于林中地上。

引证标本 窑洞沟，海拔2040m，2020年8月9日，朱学泰3948。小吐鲁沟，海拔2720m，2018年8月2日，冶晓燕103。

粪盘菌

Peziza fimeti (Fuckel) E. C. Hansen 1877

分类地位　盘菌纲Pezizomycetes/盘菌目Pezizales/盘菌科Pezizaceae

形态特征　子囊盘很小，直径0.5～2cm，杯状至浅盘状。子实层生子囊盘上表面，米黄色至黄褐色。子层托色稍淡，平滑。无柄。子囊（230～260）μm×（15～18）μm，长棒状，基部变细，具8枚子囊孢子；子囊孢子椭圆形，（18～24）μm×（8～10）μm，无色，光滑。

生　境　夏秋季散生或群生于林中食草动物粪便上。

引证标本　竹林沟，海拔2450m，2020年8月11日，朱学泰4015。

高山地杯菌

Geopyxis alpina Höhn. 1906

分类地位 盘菌纲Pezizomycetes/盘菌目Pezizales/火丝菌科Pyronemataceae

形态特征 子囊盘很小，直径0.5~1.2cm，杯状至浅盘状，边缘常缺刻状。子实层生子囊盘上表面，土黄色至黄褐色；子层托色稍淡，覆粉末状鳞片。无柄。子囊（260~300）μm×（10~13）μm，长棒状，基部变细，具8枚子囊孢子；子囊孢子椭圆形，（14~17）μm×（8~10）μm，无色，光滑。

生　境 夏秋季散生或群生于云杉林中地上。

引证标本 大有保护站，海拔2670m，2020年10月4日，朱学泰4170；大有保护站，海拔2670m，2020年10月4日，张国晴184。吐鲁坪，海拔2900m，2018年8月3日，朱学泰3281。小吐鲁沟，海拔2720m，2019年8月2日，冶晓燕113。桥头保护站小杏儿沟，海拔2380m，2020年10月6日，冶晓燕1053。

半球土盘菌

Humaria hemisphaerica (F. H. Wigg.) Fuckel 1870

分类地位 盘菌纲Pezizomycetes/盘菌目Pezizales/火丝菌科Pyronemataceae

形态特征 子囊盘很小，直径0.8～2cm，深杯状至碗状，边缘具褐色绒毛。子实层位于子囊盘上表面，白色至灰白色；子层托淡褐色，覆褐色的绒毛。无柄。子囊（230～300）μm×（18～21）μm，长棒状，具8枚子囊孢子；子囊孢子椭圆形，（18～24）μm×（10～14）μm，无色，表面具疣突。

生　境 夏秋季生于林中地上。

引证标本 桥头保护站小杏儿沟，海拔2400m，2019年9月25日，冶晓燕519。淌沟保护站棚子沟，海拔1960m，2019年9月28日，冶晓燕638。竹林沟，海拔2450m，2019年9月27日，刘金喜704。

奇异侧盘菌近似种

Otidea aff. *mirabilis* Bolognini & Jamoni 2001

分类地位 盘菌纲Pezizomycetes/盘菌目Pezizales/火丝菌科Pyronemataceae

形态特征 子囊盘很小或小型，侧斜呈驴耳状，边缘两侧内卷，高2.5～5cm，宽1～3.5cm。子实层生子囊盘内表面，黄褐色至紫褐色，光滑；子层托土黄色至黄褐色，光滑。柄短，长0.5～1cm，粗约0.5cm，覆污白色菌丝。子囊长筒形，（170～240）μm×（9～12）μm，含8个子囊孢子；子囊孢子椭圆形，（10～15）μm×（6.5～7.5）μm，微黄色，平滑。

生　境 夏秋季簇生于青杆林中地上。

引证标本 大有保护站，海拔2670m，2020年10月4日，杜璠101。

讨　论 该标本与*Otidea mirabilis*形态相似，ITS序列相似度为95%，应该代表了一个新物种，有待进一步收集标本、明确形态特征后描述发表。

柠檬黄侧盘菌

Otidea onotica (Pers.) Fuckel 1870

分类地位 盘菌纲Pezizomycetes/盘菌目Pezizales/火丝菌科Pyronemataceae

形态特征 子囊盘很小或小型，深碗状，有时侧斜呈耳状，边缘常缺刻状，高3~5cm，宽2~4cm。子实层面生子囊盘内表面，色浅，污白色至粉黄色。子层托橙黄色或浅杏黄色，覆白色粉末。无柄。子囊长筒形，（160~185）μm×（10~13）μm，含8个子囊孢子。子囊孢子椭圆形，（10~12）μm×（6~7）μm，平滑，微黄色。

生　境 夏秋季群生或丛生于青杆林中地上。

引证标本 竹林沟，海拔2480m，2020年8月11日，冶晓燕905。吐鲁坪，海拔2846m，2019年8月3日，朱学泰3286。

假网孢盾盘菌

Scutellinia colensoi Massee ex Le Gal 1967

分类地位　盘菌纲Pezizomycetes/盘菌目Pezizales/火丝菌科Pyronemataceae

形态特征　子囊盘很小或小型，浅盘状，直径2～5cm。子实层生于囊盘上表面，红色至橙红色，干后变浅橙褐色。子层托表面及边缘具褐色刚毛。无柄。子囊长筒形，（200～240）μm×（13～17）μm；子囊孢子椭圆形，（16～22）μm×（10～13）μm，无色，表面具不规则疣状突起，突起常连接呈间断的假网格状。

生　境　夏秋季生于辽东栎、白桦等林中潮湿的腐木上或苔藓上。

引证标本　大吐鲁沟，海拔2400m，2017年7月16日，朱学泰2417；大吐鲁沟，海拔2400m，2020年8月10日，张国晴60。小岗子沟，海拔2410m，2019年8月1日，朱学泰3207。竹林沟，海拔2450m，2020年8月11日，冶晓燕912。

碗状疣杯菌

Tarzetta catinus (Holmsk.) Korf & J. K. Rogers 1971

分类地位 盘菌纲Pezizomycetes/盘菌目Pezizales/火丝菌科Pyronemataceae

形态特征 子囊盘很小，深杯状，直径0.5～2.5cm，边缘呈缺刻状。子实层生子囊盘上表面，新鲜时奶油色、污白色至淡污黄色。子层托与子实层同色，具小的疣状突起。近无柄或具短柄。子囊长筒形，（270～300）μm×（13～15）μm，具8个子囊孢子；子囊孢子椭圆形，（17～23）μm×（10～13）μm，平滑，无色。

生　境 夏秋季生于林中地上。

引证标本 吐鲁坪，海拔2850m，2018年8月3日，朱学泰3278。淌沟保护站棚子沟，海拔2010m，2020年10月2日，朱学泰4133。

绯红肉杯菌

Sarcoscypha coccinea (Gray) Boud. 1907

分类地位 盘菌纲Pezizomycetes/盘菌目Pezizales/肉杯菌科Sarcoscyphaceae

形态特征 子囊盘很小，杯状或盘状，直径1~2cm，高1~2.5cm。子实层位于子囊盘上表面，鲜红色；子层托颜色稍浅，覆白色细绒毛。菌柄短，长0.1~0.3cm，粗0.1~0.2cm。子囊长棒状，（320~380）μm×（10~15）μm，具8枚子囊孢子；子囊孢子椭圆形，（20~22）μm×（8~11）μm，光滑，无色。

生　境 夏秋季生于阔叶林中腐木上。

引证标本 窑洞沟，海拔2002m，2020年8月9日，朱学泰3930。大吐鲁沟，海拔2330m，2020年10月3日，朱学泰4158。

爪哇肉杯菌

Sarcoscypha javensis Höhn. 1909

分类地位 盘菌纲Pezizomycetes/盘菌目Pezizales/肉杯菌科Sarcoscyphaceae

形态特征 子囊盘小至中型，盘状或碗状，有时侧斜近似耳状，边缘波状或内卷，无柄，直径3~8cm。子实层位于子囊盘上表面，杏黄色至橙黄色，光滑；子层托浅黄色，覆白色粉粒。子囊长棒状，（200~230）μm×（12~14）μm，具8枚子囊孢子；子囊孢子椭圆形，（18~22）μm×（10~12）μm，淡黄色，平滑。

生　境 夏秋季单生或散生于林中腐木或落枝上。

引证标本 窑洞沟，海拔2010m，2020年8月9日，张国晴021。

蛹虫草

Cordyceps militaris (L.) Fr. 1818

别　名 北虫草、北冬虫夏草

分类地位 粪壳菌纲Sordariomycetes/肉座菌目Hypocreales/虫草科Cordycipitaceae

形态特征 子座棒状，单生或数个丛生，黄色至橙黄色，长3～6cm，粗0.3～0.6cm。头部可育部分长2～3cm，表面粗糙。柄长2～3cm，圆柱形，覆污白色粉末状物。子囊壳近锥形，（450～650）μm×（250～350）μm；子囊细长，宽约5μm；子囊孢子细线形，成熟后断裂为（2～3）μm×1μm的分生孢子。

生　境 夏秋季生于腐枝落叶层下鳞翅目昆虫尸体上。

引证标本 小吐鲁沟，海拔2720m，2020年8月10日，冶晓燕892。

拟黑线虫草

Ophiocordyceps nigrella (Kobayasi & Shimizu) G. H. Sung, J. M. Sung, Hywel-Jones & Spatafora 2007

分类地位 粪壳菌纲Sordariomycetes/肉座菌目Hypocreales/线虫草科Ophiocordycipitaceae

形态特征 子座棒状，单生，从虫体前端长出，灰褐色至灰黑色，长6~9cm，直径0.5~1.2cm。头部可育部分长2~3cm，灰褐色，表面粗糙。柄长4~6cm，圆柱形，黑褐色。子囊壳倒梨形，（200~300）μm×（130~150）μm；子囊细长，宽约15μm。子囊孢子细长，常断开，（25~30）μm×（2.5~3.5）μm。

生 境 夏秋季生于腐枝落叶层下金龟子幼虫尸体上。

引证标本 淌沟保护站棚子沟，海拔1980m，2020年10月2日，朱学泰4103；淌沟保护站棚子沟，海拔1980m，2020年10月2日，冶晓燕957。

冬虫夏草

Ophiocordyceps sinensis (Berk.) G. H. Sung, J. M. Sung, Hywel-Jones & Spatafora 2007

分类地位 粪壳菌纲Sordariomycetes/肉座菌目Hypocreales/线虫草科Ophiocordycipitaceae

形态特征 子座棒状，单生，从虫体前端长出，黄褐色至褐色，长4～10cm，直径0.3～0.6cm。顶部不育，渐尖或钝尖；可育部分近圆柱形，暗褐色，表面具小疣突。柄较细，圆柱形，黄褐色。子囊壳卵圆形至椭圆形；子囊细长，（250～350）μm×9～13μm，内含子囊孢子8枚，但常常仅发育成熟2枚，偶见3～5枚；子囊孢子线形，具横隔，（180～300）μm×（5～6.5）μm。

生　境 春夏季产于高山草甸或高山灌丛下土中钩蝙蛾属幼虫尸体上。

引证标本 吐鲁沟吐鲁掌，海拔3200m，2020年5月21日，蒋长生17。

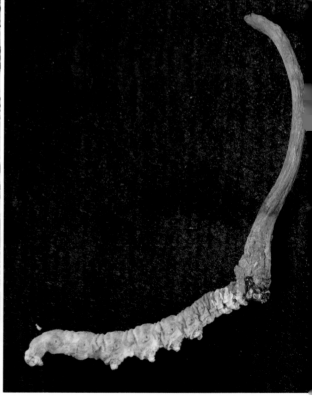

紫棕炭团菌

Hypoxylon fuscum (Pers.) Fr. 1849

分类地位　粪壳菌纲Sordariomycetes/炭角菌目Xylariales/炭团菌科Hypoxylaceae

形态特征　子座很小，常半球状至垫状突起，大小为（0.2～5）cm×（0.1～3）cm，厚0.5～2mm。表面较平或具小疣突，紫褐色至褐葡萄酒色，过熟时变为褐色、栗褐色。子囊壳球形至倒卵球形；子囊棒状，（100～180）μm×（6～10）μm；子囊孢子椭圆形，（13～18）μm×（6～9）μm，褐色，平滑。

生　境　群生于针阔混交林枯枝上。

引证标本　大吐鲁沟，海拔2370m，2020年10月3日，朱学泰4156。

鹿角炭角菌

Xylaria hypoxylon (L.) Grev. 1824

分类地位 粪壳菌纲Sordariomycetes/炭角菌目Xylariales/炭角菌科Xylariaceae

形态特征 子座很小或小型，形状多变，圆柱形、棒状或扇形，单生或分枝，顶端扁平或不育尖锐。高3~8cm，粗0.1~0.5cm。子座初期污白色至乳白色，成熟后呈银灰至黑色，质地硬。子囊圆柱形，具长柄，（100~150）μm×（7~8.5）μm，具8枚子囊孢子；子囊孢子椭圆形，（11~14）μm×（5~6.5）μm，褐色、平滑。

生 境 群生于针阔混交林或阔叶林腐木上。

引证标本 窑洞沟，海拔2010m，2020年8月9日，朱学泰3939。大吐鲁沟，海拔2400m，2017年7月16日，朱学泰2396；大吐鲁沟，海拔2400m，2019年8月2日，朱学泰3249。竹林沟，海拔2480m，2020年8月11日，朱学泰4012。淌沟保护站棚子沟，海拔1960m，2020年10月2日，朱学泰4096。

担子菌门
Basidiomycota

各论

野蘑菇

Agaricus arvensis Schaeff. 1774

分类地位 伞菌纲Agaricomycetes/伞菌目Agaricales/蘑菇科Agaricaceae

形态特征 担子果中至大型。菌盖直径5.5~14cm，初期半球形，后扁半球形至凸镜形，成熟后渐展开至平展，有时中部呈圆头状突起；新鲜时近白色，中部污白色，后渐变淡黄色至赭黄色，光滑；边缘常开裂。菌肉白色，较厚。菌褶离生，初期粉红色，成熟后变褐色至黑褐色，较密，不等长。菌柄中生，近圆柱形，长4~10cm，直径1.5~2.5cm，与菌盖同色，初期内部实心，后变中空，伤不变色。菌环上位，白色，膜质，较厚，易脱落。担孢子椭圆形，（7~9.5）μm×（4.5~6）μm，光滑，黄褐色至深褐色。

生　境 秋季散生于草地上。

引证标本 吐鲁坪，海拔2900m，2018年8月3日，朱学泰3271；吐鲁坪，海拔2900m，2018年8月3日，冶晓燕153。竹林沟，海拔2600m，2019年9月27日，冶晓燕597。

大紫蘑菇

Agaricus augustus Fr. 1838

分类地位 伞菌纲Agaricomycetes/伞菌目Agaricales/蘑菇科Agaricaceae

形态特征 担子果中至大型。菌盖直径4~15cm，初半球形，后渐平展，表面覆黄褐色至紫褐色的纤毛状鳞片，边缘常带红色调，有时具污白色菌幕残留物。菌肉白色，较厚，紧实。菌褶离生，初粉红色，后逐渐变为紫褐色至黑褐色，较窄，有小菌褶。菌柄圆柱形，长5~10cm，粗1.5~2.5cm，基部稍膨大，幼时菌环以下覆有白色至黄褐色的纤毛状鳞片，成熟后渐光滑，受伤后呈红色。菌环上位或中位，污白色至浅黄褐色，有皱褶，易破裂。担孢子椭圆形至卵圆形，（7~9）μm×（5~6.5）μm，褐色，光滑。

生　境 夏秋季散生或丛生于林中草地上。

引证标本 吐鲁坪，海拔2900m，2018年8月3日，朱学泰3267；吐鲁坪，海拔2900m，2018年8月3日，朱学泰3277。竹林沟，海拔2600m，2019年9月27日，刘金喜683；竹林沟，海拔2600m，2019年9月27日，ye586。

双孢蘑菇
Agaricus bisporus (J. E. Lange) Imbach 1946

别　名　白蘑菇、蘑菇、洋蘑菇

分类地位　伞菌纲Agaricomycetes/伞菌目Agaricales/蘑菇科Agaricaceae

形态特征　担子果中至大型。菌盖直径5~12cm，初半球形，后平展，表面光滑，白色，后渐变为黄色；菌肉厚，白色，伤后略带红色调。菌褶离生，不等长，窄而密，幼时粉红色，成熟后变褐色至黑褐色。菌柄近圆柱形，长4.5~9cm，粗1.5~3.5cm，白色，光滑，具丝光，内部松软或中实；菌环中位，单层，白色，膜质，易脱落。孢子印深咖啡色。担子多为2小梗。担孢子椭圆形，（6~8.5）μm×（5~6）μm，褐色，光滑。

生　境　夏秋季生于林地和草地上。

引证标本　大吐鲁沟，海拔2420m，2017年7月16日，朱学泰2400。民乐保护站长沟，海拔2200m，2020年8月12日，杜璠77。大有保护站，海拔2720m，2020年10月4日，朱学泰4195。

讨　论　双孢蘑菇是最常见、人工栽培历史最悠久的食用菌之一，幼时圆而肥厚，肉质细嫩，味道鲜美，富含钠、钾、磷、亚油酸等营养物质。

蘑菇

Agaricus campestris L. 1753

别　名　四孢蘑菇

分类地位　伞菌纲Agaricomycetes/伞菌目Agaricales/蘑菇科Agaricaceae

形态特征　担子果中至大型。菌盖直径6~13cm，初期半球形，成熟后平展，白色至乳白色，早期表面具丛毛状鳞片。菌肉白色，厚。菌褶离生，较密，不等长，初期粉红色，后变褐色至黑褐色。菌柄圆柱形，长3~7cm，粗1.5~2cm，白色。菌环上位，白色，膜质，易脱落。担孢子椭圆形，（7~10）μm × （5~6）μm，褐色，光滑。

生　境　春至秋季群生于草地或林间空地上。

引证标本　竹林沟，海拔2550m，2017年7月14日，朱学泰2347；竹林沟，海拔2550m，2017年7月14日，朱学泰2358。

群生蘑菇
Agaricus gregariomyces J. L. Zhou & R. L. Zhao 2016

分类地位 伞菌纲Agaricomycetes/伞菌目Agaricales/蘑菇科Agaricaceae

形态特征 担子果中至大型。菌盖直径5~10cm，初期半球形，成熟后平展，表面覆灰棕色纤毛。菌肉白色，厚。菌褶离生，较密，不等长，初期肉粉色，后变褐色至黑褐色。菌柄圆柱形，基部较粗，长5~9cm，粗1~2cm，白色；基部菌肉受伤变红褐色。菌环上位或中位，白色，厚，易脱落。担孢子椭圆形，（5.5~6.5）μm×（3.5~4）μm，褐色，光滑。

生　境 夏秋季单生或群生于林中草地上。

引证标本 桥头保护站小杏儿沟，海拔2400m，2020年10月6日，冶晓燕1048。

亚绒毛蘑菇

Agaricus subfloccosus (J. E. Lange) Hlaváček 1951

分类地位　伞菌纲Agaricomycetes/伞菌目Agaricales/蘑菇科Agaricaceae

形态特征　担子果小至中型。菌盖直径4～8cm，幼时半球形至扁半球形，成熟后近平展，表面覆纤毛状鳞片，白色至浅黄色，中部浅黄褐色；边缘内卷，有白色絮状鳞片。菌肉厚，白色，伤后变红色。菌褶离生，密，不等长，初期肉粉色，后变褐色至黑褐色。菌柄近圆柱形，向下部稍粗，长5～12cm，粗1～2.5cm，白色至灰粉色。菌环上位，白色。担孢子宽卵圆形，（5～7.5）μm×（3.5～5）μm，褐色，光滑。

生　境　夏秋季单生或群生于云杉林中地上。

引证标本　吐鲁坪，海拔2950m，2019年8月3日，冶晓燕139。

林地蘑菇

Agaricus sylvaticus Schaeff. 1774

分类地位 伞菌纲Agaricomycetes/伞菌目Agaricales/蘑菇科Agaricaceae

形态特征 担子果中至大型。菌盖直径4～10cm，幼时半球形至扁半球形，后近平展，表面覆浅褐色至红褐色鳞片，过熟时边缘呈辐射状开裂。菌肉较厚，白色。菌褶离生，稠密，不等长，初白色，渐变粉红色，后栗褐色至黑褐色。菌柄圆柱形，长6～12cm，粗0.8～1.6cm，基部略膨大，白色，伤后变污黄色，菌环以上有白色纤毛状鳞片。菌环上位至中位，单层，白色，膜质。担孢子椭圆形，（5.5～6.5）μm×（3.5～4.5）μm光滑，浅褐色。

生 境 夏秋季于针、阔叶中地上单生至群生。

引证标本 竹林沟，海拔2550m，2017年7月14日，朱学泰2357。吐鲁坪，海拔2900m，2019年8月3日，刘金喜202。

黄斑蘑菇

Agaricus xanthodermus Genev. 1876

分类地位　伞菌纲Agaricomycetes/伞菌目Agaricales/蘑菇科Agaricaceae

形态特征　担子果中至大型。菌盖直径6～12cm，幼时扁半球形，成熟后近平展，表面覆灰棕色鳞片。菌肉较厚，白色，近表皮层处伤后变黄色。菌褶离生，密，不等长，初期浅肉粉色，后变褐色至黑褐色。菌柄近圆柱形，基部稍膨大，长7～12cm，粗1.5～2.5cm，白色，伤变金黄色。菌环上位，膜质，白色。担孢子宽卵圆形，（5～8）μm×（3.5～5）μm，褐色，光滑。

生　境　夏秋季单生或群生于林中地上或草地上。

引证标本　大吐鲁沟，海拔2400m，2017年7月16日，朱学泰2399。竹林沟，海拔2500m，2019年9月27日，冶晓燕598。

讨　论　毒菌，不可食用。

焉支蘑菇

Agaricus yanzhiensis M. Q. He, K. D. Hyde & R. L. Zhao 2018

分类地位 伞菌纲Agaricomycetes/伞菌目Agaricales/蘑菇科Agaricaceae

形态特征 担子果小至中型。菌盖直径3~6cm，幼时半球形，成熟后近平展，表面覆棕色至红棕色的纤毛状鳞片，边缘常具内菌幕残留。菌肉较厚，白色。菌褶离生，密，不等长，初期浅肉粉色，后变褐色至黑褐色。菌柄近圆柱形，基部常稍膨大，长3~7cm，粗0.5~1.5cm，白色，菌环以下常具纤毛状鳞片。菌环上位，膜质，白色。担孢子卵圆形，（5~6）μm×（3.5~4）μm，褐色，光滑。

生　境 夏秋季单生或群生于林中地上或草地上。

引证标本 吐鲁坪，海拔2900m，2019年8月3日，冶晓燕137。

鬼笔状钉灰包

Battarrea phalloides (Dicks.) Pers. 1801

分类地位 伞菌纲Agaricomycetes/伞菌目Agaricales/蘑菇科Agaricaceae

形态特征 担子果大型。初期扁球形，埋生于地下。成熟后菌柄伸长，露出地面，包被位于菌柄顶部腹面，帽状，成熟后开裂，孢体散落后，露出近白色，半球形的帽顶。柄近圆柱形，长20~30cm，粗0.5~1cm，深红褐色，有毛状鳞片，成蓑衣状排列，基部有卵圆形白色包被。担孢子近球形，直径5~7μm，锈褐色，外壁具短疣，凹凸不平。

生　境 夏秋季生于云杉林中沙土地上。

引证标本 桥头保护站前吐鲁沟，海拔2050m，2008年8月，蒋长生03。

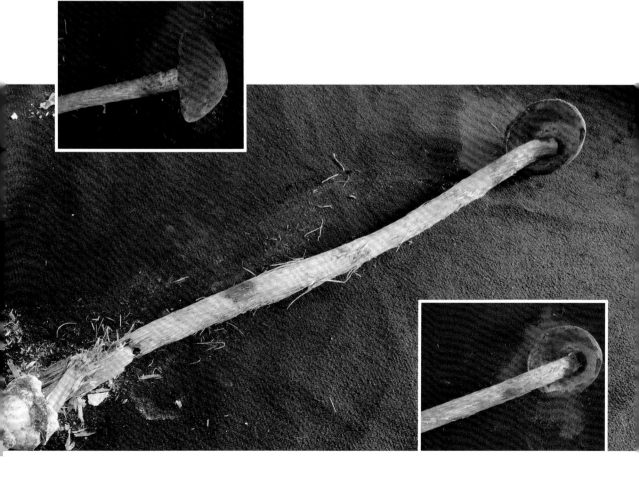

露 伞

Chamaemyces fracidus (Fr.) Donk 1962

分类地位 伞菌纲Agaricomycetes/伞菌目Agaricales/蘑菇科Agaricaceae

形态特征 担子果小型。菌盖直径3～5cm，初半球形，后期近平展，米黄色至浅黄色，有时带粉红色调；湿润时粘，幼小时常挂有露珠状黄褐色液滴；边缘有时有辐射状排列的皱纹。菌肉白色至米色。菌褶离生，稠密，不等长，白色至米黄色。菌柄近圆柱形，长4～6cm，粗0.5～0.8cm，中空；菌环以上白色，近光滑，菌环以下覆细小的褐色鳞片。菌环上位，薄，膜质。担孢子椭圆形至宽椭圆形，（4～4.5）μm×（3～4）μm，无色，光滑。

生　境 夏秋季生于林中地上。

引证标本 桥头保护站小杏儿沟，海拔2400m，2020年10月6日，冶晓燕1052。

毛头鬼伞

Coprinus comatus (O. F. Müll.) Pers. 1797

别　　名　鸡腿菇、鸡腿蘑

分类地位　伞菌纲Agaricomycetes/伞菌目Agaricales/蘑菇科Agaricaceae

形态特征　担子果小至中型。菌盖直径3~8cm，幼时圆筒形，后呈钟形，最后平展；表面幼时土黄色，后开裂而呈白色，覆污白色至土黄色的平伏或翻卷的鳞片，具绢丝样光泽；边缘具细条纹。菌肉白色。菌褶初期白色，后变粉灰色至黑色，成熟时与菌盖同时自溶为墨汁状。菌柄圆柱形，向下渐粗，长5~25cm，粗1~2cm，污白色，中空。菌环上位，白色，膜质，易脱落。担孢子椭圆形，（13~19）μm×（7.5~11）μm，光滑，黑色。

生　　境　夏秋季单生或群生于草地或树林空地上。

引证标本　民乐保护站长沟，海拔2200m，2020年8月12日，张国晴105。

讨　　论　未开伞前可食，味美，可人工栽培。

纤巧囊小伞
Cystolepiota seminuda (Lasch) Bon 1976

别　名　半裸囊小伞

分类地位　伞菌纲Agaricomycetes/伞菌目Agaricales/蘑菇科Agaricaceae

形态特征　担子果很小。菌盖直径0.5～2cm，表面白色至米色，中部米色较深，被白色至淡褐色的粉末状鳞片；边缘有时具菌幕残留。菌肉白色。菌褶离生，奶油色至米色。菌柄圆柱形，长1.5～4cm，粗0.2～0.3cm，上半部白色至近白色，下半部淡褐色、粉红褐色或酒红色；菌柄菌肉常淡红褐色。菌环上位，白色，膜质，易消失。担孢子椭圆形，（3.5～4.5）μm×（2.5～3）μm，表面近光滑或具不明显的小疣，无色。

生　境　夏季生于针叶林或阔叶林地上。

引证标本　窑洞沟，海拔2050m，2020年8月9日，朱学泰3923；窑洞沟，海拔2050m，2020年8月9日，朱学泰3942。淌沟保护站棚子沟，海拔1980m，2019年9月28日，景雪梅537；淌沟保护站棚子沟，海拔1980m，2019年9月28日，景雪梅541。大吐鲁沟，海拔2380m，2020年8月10日，张国晴46；大吐鲁沟，海拔2380m，2020年8月10日，杜璠37。

锐鳞棘皮菌

Echinoderma asperum (Pers.) Bon 1991

别　名　锐鳞环柄菇、灰鳞伞

分类地位　伞菌纲Agaricomycetes/伞菌目Agaricales/蘑菇科Agaricaceae

形态特征　担子果小至大型。菌盖直径4～10cm，初期半球形，后近平展，中部稍凸起；表面干燥，黄褐色、浅茶褐色至淡红褐色，具直立或颗粒状的尖锐鳞片，中部密，边缘疏，成熟后易脱落；盖缘内卷，常具絮状白色菌幕。菌肉较厚，白色。菌褶离生，密，不等长，污白色至浅黄色。菌柄近圆柱形，基部常膨大，长4～10cm，粗0.5～1.5cm，内部松软至空心；菌环以上污白色，菌环以下浅褐色，具近似盖上的小鳞片，易脱落。菌环上位，膜质，易破碎。担孢子椭圆形，（5～8.5）μm×（3.5～4）μm，光滑，无色。

生　境　夏秋季单生或群生于针叶林或阔叶林中地上。

引证标本　小岗子沟，海拔2420m，2018年8月1日，朱学泰3218。大吐鲁沟，海拔2400m，2018年8月2日，朱学泰3244。淌沟保护站棚子沟，海拔2010m，2019年9月28日，景雪梅562。

紊纹棘皮菌

Echinoderma echinaceum (J. E. Lange) Bon 1991

分类地位　伞菌纲Agaricomycetes/伞菌目Agaricales/蘑菇科Agaricaceae

形态特征　担子果很小或小型。菌盖直径2～5cm，初期半球形，后近平展，中部突起；表面浅黄褐色，覆直立或平伏的尖锐土褐色鳞片，中部密，边缘疏；盖缘常具浅褐色菌幕残留。菌肉较薄，污白色。菌褶离生，密，不等长，污白色至浅黄褐色。菌柄近圆柱形，常弯曲，长3～8cm，粗0.5～1cm，浅褐色，菌环以下常覆褐色小鳞片。菌环上位，膜质，易破碎掉落。担孢子椭圆形，（4～5.5）μm×（2.5～3）μm，光滑，无色。

生　境　夏秋季单生或群生于针叶林或针阔混交林中地上。

引证标本　淌沟保护站棚子沟，海拔2010m，2020年10月2日，朱学泰4125。大吐鲁沟，海拔2450m，2020年10月3日，朱学泰4134。

黄褐环柄菇

Lepiota boudieri Bres. 1884

分类地位 伞菌纲Agaricomycetes/伞菌目Agaricales/蘑菇科Agaricaceae

形态特征 担子果小型。菌盖直径2.5~4cm，初半球形至钟形，后渐平展，中央具钝脐突，辐射状密覆橙褐色、暗红褐色至深褐色的纤毛状鳞片。菌褶离生，较密，不等长，白色至污白色。菌柄近圆柱状，向基部渐粗，基部常膨大，长4~7cm，粗0.2~0.5cm，中空，顶部白色至污粉色，下部橙褐色，具褐色纤毛状小鳞片。菌环上位，膜质，易碎裂。担孢子椭圆形，（6.5~9.5）μm×（2.5~4）μm，光滑，无色。

生　境 夏秋散生于阔叶林灌丛中。

引证标本 桥头保护站小杏儿沟，海拔2380m，2019年9月25日，景雪梅415。竹林沟，海拔2480m，2020年8月11日，朱学泰4059。

栗色环柄菇
Lepiota castanea Quél. 1881

<u>分类地位</u>　伞菌纲Agaricomycetes/伞菌目Agaricales/蘑菇科Agaricaceae

<u>形态特征</u>　担子果小型。菌盖直径2～4cm，初期近钟形至扁平，后渐平展，中央稍突起；表面土褐色至浅栗褐色，密布粒状小鳞片；盖缘常具絮状白色菌幕残留。菌肉薄，污白色。菌褶离生，不等长，较密，污白色至浅黄褐色。菌柄近圆柱形，长2～4cm，粗0.2～0.5cm，中空。菌环以上污白色，光滑，菌环以下浅褐色，覆褐色鳞片；菌环上位，膜质，易碎裂消失。担孢子椭圆形，（9～12.5）μm×（4～5.5）μm，光滑，无色。

<u>生　境</u>　夏秋季生于针叶林中地上。

<u>引证标本</u>　淌沟保护站棚子沟，海拔2000m，2020年10月2日，朱学泰4110；淌沟保护站棚子沟，海拔2000m，2020年10月2日，朱学泰4128；淌沟保护站棚子沟，海拔2000m，2019年9月28日，景雪梅565。竹林沟，海拔2500m，2019年9月27日，冶晓燕619；竹林沟，海拔2500m，2019年9月27日，刘金喜675；竹林沟，海拔2500m，2020年8月11日，赵怡雪52。吐鲁坪，海拔2900m，2019年8月3日，刘金喜181。

<u>讨　论</u>　据记载有毒，不可食用。

细环柄菇

Lepiota clypeolaria (Bull.) P. Kumm. 1871

别　名　盾形环柄菇

分类地位　伞菌纲Agaricomycetes/伞菌目Agaricales/蘑菇科Agaricaceae

形态特征　担子果小至中型。菌盖直径3～6cm，初期扁半球形，后渐平展，被浅黄色、黄褐色至茶褐色鳞片。菌肉薄，污白色。菌褶离生，不等长，较密，污白色。菌柄近圆柱形，长5～10cm，粗0.5～1cm，中空。菌环以上白色，光滑，菌环以下密被白色至浅褐色绒状鳞片，基部常见白色的菌索；菌环上位，白色，绒状至膜质，易碎裂脱落。担孢子椭圆形，（11～13）μm×（4.5～7）μm，光滑，无色。

生　境　夏秋季生于林中地上。

引证标本　桥头保护站大南沟，海拔2275m，2019年9月26日，冶晓燕565。竹林沟，海拔2500m，2020年8月11日，朱学泰4058。

讨　论　据记载有毒，不可采食。

冠状环柄菇

Lepiota cristata (Bolton) P. Kumm. 1871

分类地位 伞菌纲Agaricomycetes/伞菌目Agaricales/蘑菇科Agaricaceae

形态特征 担子果小型。菌盖直径2～4cm，扁半球形至凸镜形，中部稍钝凸；表面污白色，被红褐色鳞片，中部密，边缘疏，盖缘常具菌幕残留而近齿状。菌肉白色，薄。菌褶离生，密，不等长，白色。菌柄近圆柱形，细长，长3～6cm，粗0.2～0.6cm，污白色至浅红褐色，表面光滑，中空；基部稍膨大，常见白色的菌索。菌环上位，丝膜状，易脱落。担孢子椭圆形至近角形，（5.5～8）μm×（3～4.5）μm，光滑，无色。

生　境 夏秋季在林中、草坪等处群生或单生。

引证标本 小吐鲁沟，海拔2715m，2019年8月2日，冶晓燕110；小吐鲁沟，海拔2715m，赵怡雪33。大吐鲁沟，海拔2400m，2017年7月16日，朱学泰2389。桥头保护站小杏儿沟，海拔2390m，2019年9月25日，景雪梅403。桥头保护站大南沟，海拔2280m，2019年9月26日，景雪梅478。

讨　论 据记载有毒，不宜采食。

类冠环柄菇

Lepiota cristatoides Einhell. 1973

分类地位 伞菌纲Agaricomycetes/伞菌目Agaricales/蘑菇科Agaricaceae

形态特征 担子果很小或小型。菌盖直径1～3cm，扁半球形至凸镜形，中部稍钝凸；表面污白色，被红褐色鳞片，中部密，边缘疏，盖缘常具菌幕残留而近齿状。菌肉白色，薄。菌褶离生，密，不等长，白色。菌柄近圆柱形，细长，长1.5～5cm，粗0.2～0.4cm，污白色至浅红褐色，表面光滑，中空；基部稍膨大，常见白色的菌索。菌环上位，丝膜状，易脱落。担孢子椭圆形至近角形，（4～7）μm×（2.5～4）μm，光滑，无色。

生 境 夏秋季单生或散生于林中地上。

引证标本 淌沟保护站棚子沟，海拔1960m，2020年10月2日，冶晓燕969。

讨 论 该种的大小、形状和颜色均与冠状环柄菇非常相似，但后者的担孢子相对稍大。

翘鳞白环蘑

Leucoagaricus nympharum (Kalchbr.) Bon 1977

分类地位 伞菌纲Agaricomycetes/伞菌目Agaricales/蘑菇科Agaricaceae

形态特征 担子果中等至大型。菌盖直径5~13cm，幼时半球型，成熟后近平展；表面白色，覆暗灰褐色至黑褐色鳞片，中部密，边缘疏；菌肉薄，白色。菌褶离生，较密，不等长，幼时白色，成熟后污白色至淡红色。菌柄圆柱形，向下渐粗，近基部膨大，长8~13cm，直径1~2cm，幼时白色，成熟后变浅褐色。菌环上位，膜质，白色。担孢子椭圆形，（10~11）μm×（5.5~7.5）μm，无色，光滑。

生　境 夏秋季生于云杉林中地上。

引证标本 竹林沟，海拔2450m，2017年7月14日，朱学泰2341；竹林沟，海拔2450m，2017年7月14日，朱学泰2362。

毛柄灰锤近似种

Tulostoma aff. *fimbriatum* Fr. 1829

分类地位 伞菌纲Agaricomycetes/伞菌目Agaricales/蘑菇科Agaricaceae

形态特征 担子果很小，圆锤状。包被近球形，直径1~1.5cm，灰褐色，光滑，膜质。顶孔圆形，稍外突。菌柄圆柱形，长3~5cm，粗0.3~0.5cm，红褐色，具环带状排列的暗褐色鳞片。孢体土黄色，担孢子近球形，直径（5.5~7）μm×（5~6.5）μm，黄色，具小疣。

生　境 夏秋季单生或散生于云杉林中地上。

引证标本 大有保护站，海拔2700m，2020年10月4日，张国晴195。

灰 锤

Tulostoma simulans Lloyd 1906

分类地位 伞菌纲Agaricomycetes/伞菌目Agaricales/蘑菇科Agaricaceae

形态特征 担子果很小，圆锤状。包被近球形，直径1～1.5cm，茶褐色，渐褪为浅土褐色，光滑，膜质。顶孔圆形，稍外突。菌柄圆柱形，长4～6cm，粗0.3～0.5cm，与外包被同色，具纵向条纹和纤丝状鳞片。孢体土黄色，担孢子近球形，（5.5～6.5）μm×（4.5～5.5）μm，黄色，具小疣。

生 境 夏秋季单生或散生于林中地上。

引证标本 桥头保护站小杏儿沟，海拔2390m，2019年9月25日，刘金喜609。

烟色鹅膏
Amanita simulans Contu 1999

分类地位 伞菌纲Agaricomycetes/伞菌目Agaricales/鹅膏科Amanitaceae

形态特征 担子果中至大型。菌盖直径5~10cm，初半球形至扁半球形，后渐趋平展，中央常凸起；表面光滑或具毡状、补丁状污白色菌幕残余，灰色、灰褐色至褐黄色，盖缘有沟纹。菌肉白色，较厚。菌褶离生，密，不等长。小褶近菌柄端多平截，白色。菌柄近圆柱形，长5~11cm，粗0.8~1.5cm，向下渐粗；表面污白色，被淡灰色至浅灰褐色细小鳞片或纤毛。菌环阙如。菌托袋状，外表面污白色至浅灰色，有时具锈褐色斑点，内表面污白色。担孢子近球形至宽椭圆形，（8.5~11）μm×（8~10）μm，无色。

生　境 夏秋季生于壳斗科及松科植物组成的林中地上。

引证标本 竹林沟，海拔2550m，2017年7月14日，朱学泰2352；竹林沟，海拔2550m，2019年9月27日，冶晓燕602；竹林沟，海拔2550m，2020年8月11日，朱学泰4011；竹林沟，海拔2550m，2020年8月11日，冶晓燕901；竹林沟，海拔2550m，2020年8月11日，冶晓燕930；竹林沟，海拔2550m，2020年8月11日，张国晴77。大吐鲁沟，海拔2400m，2018年8月2日，朱学泰3233。吐鲁坪，海拔2890m，2018年8月3日，朱学泰3250；吐鲁坪，海拔2890m，2018年8月3日，朱学泰3252；吐鲁坪，海拔2890m，2018年8月3日，朱学泰3258；吐鲁坪，海拔2890m，2018年8月3日，朱学泰3261；吐鲁坪，海拔2890m，2018年8月3日，朱学泰3262；吐鲁坪，海拔2890m，2018年8月3日，朱学泰3264；吐鲁坪，海拔2890m，2018年8月3日，朱学泰3265；吐鲁坪，海拔2890m，2018年8月3日，朱学泰3272。淌沟保护站轱辘沟，海拔2210m，2018年8月4日，朱学泰3294；淌沟保护站轱辘沟，海拔2210m，2018年8月4日，刘金喜221。小吐鲁沟，海拔2210m，2020年8月10日，朱学泰3991；小吐鲁沟，海拔2210m，2019年8月2日，冶晓燕107。

讨　论 该物种在连城自然保护区分布广泛，形态变化大，出菇量很大，但食毒性尚不明确，慎食。

散布祝良伞

Zhuliangomyces illinitus (Fr.) Redhead 2019

别　名　散布黏伞

分类地位　伞菌纲Agaricomycetes/伞菌目Agaricales/鹅膏科Amanitaceae

形态特征　担子果小型。菌盖直径3～5cm，半球形至扁平，中央常钝凸；表面白色至米黄色，中央色深，平滑，湿时胶黏，盖缘常具菌幕残余。菌肉白色，有面粉味。菌褶离生，密，不等长，白色至米色。菌柄近圆柱形，长7～10cm，粗0.4～0.8cm，污白色，湿时胶黏。菌环上位，胶黏。担孢子宽椭圆形至近卵形，（4～5）μm×（3.5～4）μm，无色，表面具细小疣凸。

生　境　夏秋季生于针阔混交林中地上。

引证标本　桥头保护站小杏儿沟，海拔2380m，2019年9月25日，刘金喜589。

粗毛锥盖伞近似种

Conocybe aff. *echinata* (Velen.) Singer 1989

分类地位 伞菌纲Agaricomycetes/伞菌目Agaricales/粪锈伞科Bolbitiaceae

形态特征 担子果很小或小型。菌盖直径1～3.5cm，初期钟形至近锥形，后渐平展至平凸形；表面灰褐色、深褐色至紫褐色。菌肉薄，污白色，易碎。菌褶弯生，不等长，密，初期浅粉褐色，后变赭褐色至橙褐色。菌柄近圆柱形，中空，基部膨大，长3～10cm，粗0.1～0.3cm，顶部污白色，向下颜色渐深，变为淡赭色至橙褐色，光滑。担孢子椭圆形至长椭圆形，（7.5～10）μm×（4～6）μm，黄褐色至赭褐色，光滑，有萌发孔。

生　境 秋季散生于阔叶林中地上。

引证标本 桥头保护站大南沟，海拔2300m，2019年9月26日，景雪梅441；桥头保护站大南沟，海拔2300m，2019年9月26日，刘金喜645；桥头保护站大南沟，海拔2300m，2019年9月26日，冶晓燕570。

环锥盖伞

Conocybe arrhenii (Fr.) Kits van Wav. 1970

分类地位 伞菌纲Agaricomycetes/伞菌目Agaricales/粪锈伞科Bolbitiaceae

形态特征 担子果很小或小型。菌盖直径1～2.5cm，幼时圆锥形至钟形，成熟后近斗笠形，黄褐色至灰褐色，中部颜色深；表面覆白色绒毛，有放射状条纹，常水浸状。菌肉薄，黄褐色。菌褶弯生至直生，较稀疏，浅黄褐色至灰褐色。菌柄圆柱形，长2.5～4cm，粗0.1～0.3cm，上部浅黄色，下部黄褐色，覆细小褐色鳞片。菌环中上位，白色至灰褐色，膜质，易脱落。担孢子宽椭圆形，（14～16）μm×（7～9.5）μm，光滑，黄褐色，具萌发孔。

生　境 夏秋季单生或散生于针阔混交林中地上。

引证标本 淌沟保护站棚子沟，海拔1980m，2019年9月28日，景雪梅538。

小孢锥盖伞

Conocybe microspora (Velen.) Dennis 1953

分类地位 伞菌纲Agaricomycetes/伞菌目Agaricales/粪锈伞科Bolbitiaceae

形态特征 担子果很小。菌盖直径0.5～2.5cm，幼时圆锥形，成熟后近凸镜形；赭褐色至灰褐色，中部颜色深，湿时水渍状；盖缘常具白色菌幕残留。菌肉薄，黄褐色。菌褶弯生至直生，稀疏，黄褐色至赭褐色。菌柄近圆柱形，基部稍膨大，长2～6cm，粗0.1～0.3cm，浅黄色至黄褐色，向下颜色渐深，覆细小褐色鳞片。担孢子长椭圆形，（6.5～7.5）μm×（3.5～5）μm，光滑，黄褐色，具萌发孔。

生　境 夏秋季单生或散生于林中草地上。

引证标本 竹林沟，海拔2550m，2020年8月11日，朱学泰4052。

短毛锥盖伞

Conocybe pubescens (Gillet) Kühner 1935

分类地位 伞菌纲Agaricomycetes/伞菌目Agaricales/粪锈伞科Bolbitiaceae

形态特征 担子果很小。菌盖直径0.5~2.5cm，圆锥形至钟形；表面锈褐色至橙褐色，幼时表面具短绒毛，后变平滑，盖缘常具棱纹。菌肉薄，浅锈褐色。菌褶弯生至直生，较密，浅黄褐色至锈褐色。菌柄近圆柱形，纤细，基部稍膨大，长3~9cm，粗0.1~0.3cm，污白色至蜜黄色，覆污白色短绒毛。担孢子长椭圆形，（12.5~18）μm×（7~10.5）μm，光滑，黄褐色，具萌发孔。

生境 夏秋季生于林中地上。

引证标本 竹林沟，海拔2450m，2019年9月27日，景雪梅502；竹林沟，海拔2450m，2019年9月27日，刘金喜705；竹林沟，海拔2450m，2019年9月27日，冶晓燕594。

牛丝膜菌近似种

Cortinarius aff. *bovinus* Fr. 1838

分类地位 伞菌纲Agaricomycetes/伞菌目Agaricales/丝膜菌科Cortinariaceae

形态特征 担子果小至中型。菌盖直径4～8cm，扁半球形，成熟后凸镜形至近平展；表面深褐色至暗栗褐色，具纤维状平伏条纹，干时有丝光；盖缘具白色丝状菌幕残留。菌肉厚，浅褐色。菌褶直生至弯生，较密，不等长，幼时浅褐色，后变暗褐色至深肉桂色。菌柄近圆柱形，较粗壮，基部稍膨大，长6～8cm，粗0.5～2.5cm，浅褐色至深褐色，中上部常具白色丝状或絮状丝膜。担孢子椭圆形，（7.5～11）μm×（5～6.5）μm，具小疣，褐色。

生　境 秋季生于青杆林中地上。

引证标本 大有保护站，海拔2700m，2020年10月4日，杜璠99；大有保护站，海拔2700m，2020年10月4日，杜璠104；大有保护站，海拔2700m，2020年10月4日，张国晴188。

讨　论 分子系统学研究结果表明，牛丝膜菌复合类群中包含了若干个形态非常相近的物种。本物种也属于这个类群，有待进一步详细研究后作为新种发表。

异味丝膜菌近似种

Cortinarius aff. *odorifer* Britzelm. 1885

分类地位 伞菌纲Agaricomycetes/伞菌目Agaricales/丝膜菌科Cortinariaceae

形态特征 担子果小至中型。菌盖直径4~8cm，初期半球形，成熟后渐平展；表面浅黄褐色至橙褐色，湿时黏。菌肉白色，较厚。菌褶，直生至弯生，较密，不等长，黄褐色至橄榄褐色。菌柄圆柱形，基部膨大，长6~10cm，粗1~2cm，土黄色至浅黄褐色，被锈褐色丝状物；菌柄菌肉浅黄褐色。担孢子椭圆形，（10~14）μm×（6~7.5）μm，褐色，具小疣。担子果具有令人不愉悦的气味。

生　境 夏秋季单生或散生于林中地上。

引证标本 小吐鲁沟，海拔2730m，2020年8月10日，朱学泰3960；小吐鲁沟，海拔2730m，2020年8月10日，朱学泰3966。

卡西米尔丝膜菌

Cortinarius casimirii (Velen.) Huijsman 1955

分类地位 伞菌纲Agaricomycetes/伞菌目Agaricales/丝膜菌科Cortinariaceae

形态特征 担子果很小或小型。菌盖直径1~4cm，初期圆锥形，后逐渐展开成斗笠形，中部突起；灰褐色至暗褐色，覆灰白色纤毛，湿时水渍状；边缘具污白色菌幕残留。菌肉薄，与菌盖色同。菌褶直生至弯生，不等长，较稀疏，棕褐色至黑褐色。菌柄圆柱形，基部稍粗，长4~6cm，粗0.2~0.4cm，覆灰褐色至暗褐色纤维状鳞片；菌柄菌肉锈褐色。担孢子椭圆形，（8~10）μm×（5~6.5）μm，褐色，具小疣。

生　境 夏秋季单生于阔叶林中地上。

引证标本 小吐鲁沟，海拔2720m，2020年8月10日，朱学泰3972。

荷叶丝膜菌

Cortinarius salor Fr. 1838

分类地位 伞菌纲Agaricomycetes/伞菌目Agaricales/丝膜菌科Cortinariaceae

形态特征 担子果小至中型。菌盖直径4～8cm，初期半球形，成熟后渐平展；表面黄褐色至紫褐色，常被丝状或粉末状细鳞片，湿时黏；盖缘常具锈褐色蛛丝状内菌膜残留。菌肉较厚，具淡紫色调。菌褶直生至弯生，较密，不等长，粉紫色至紫褐色。菌柄圆柱形，基部稍膨大，长6～10cm，粗0.8～1.5cm，淡黄褐色至紫褐色，被锈褐色细丝状物。担孢子椭圆形，（9～11）μm×（6～8）μm，具小疣，褐色。

生　境 夏秋季单生或散生于阔叶林或针阔叶林中地上。

引证标本 大吐鲁沟，海拔2400m，2018年7月16日，朱学泰2406。

讨　论 食毒性不明，慎食。

褐美丝膜菌

Cortinarius umbrinobellus Liimat., Niskanen & Kytöv. 2014

分类地位 伞菌纲Agaricomycetes/伞菌目Agaricales/丝膜菌科Cortinariaceae

形态特征 担子果小型。菌盖直径1~2cm，初期圆锥形，后渐展开至凸镜形；表面暗褐色至黑褐色，常水渍状；盖缘常具灰褐色菌膜残留。菌肉薄，暗褐色。菌褶直生至弯生，较稀疏，不等长，暗锈褐色。菌柄圆柱形，长4~8cm，粗0.4~0.8cm，锈褐色，覆灰白色微绒毛，具锈褐色菌幕残留，柄中上部稍具紫色调。担孢子椭圆形，（7~9）μm×（4.5~5.5）μm，具小疣，褐色。

生　境 秋季生于针叶林中地上。

引证标本 大吐鲁沟，海拔2400m，2020年10月3日，朱学泰4159。

拟球孢靴耳

Crepidotus cesatii (Rabenh.) Sacc. 1877

别　名　球孢靴耳、球孢锈耳

分类地位　伞菌纲Agaricomycetes/伞菌目Agaricales/靴耳科Crepidotaceae

形态特征　担子果很小至小型。菌盖直径1～3.5cm，肾形，表面白色，密生短绒毛；成熟后边缘常瓣裂。菌肉很薄，白色。菌褶较密，初期白色，后变为浅黄褐色。无菌柄。担孢子宽卵圆形，（6.5～8）μm×（5～6）μm，表面有细疣点，淡褐色。

生　境　夏秋季群生于林中腐枝上。

引证标本　淌沟保护站棚子沟，海拔2010m，2020年10月2日，朱学泰4131。小岗子沟，海拔2420m，2019年8月1日，朱学泰3179；小岗子沟，海拔2420m，2019年8月1日，冶晓燕93。小吐鲁沟，海拔2250m，2020年8月10日，冶晓燕895。桥头保护站大南沟，海拔2300m，2019年9月26日，刘金喜650。大吐鲁沟，海拔2400m，2020年8月10日，张国晴35；大吐鲁沟，海拔2400m，2020年8月10日，杜璠41；大吐鲁沟，海拔2400m，2020年8月10日，张国晴155。

软靴耳

Crepidotus mollis (Schaeff.) Staude 1857

分类地位 伞菌纲Agaricomycetes/伞菌目Agaricales/靴耳科Crepidotaceae

形态特征 担子果很小或小型。菌盖直径1～5cm，半圆形、扇形至宽楔形；表面初期白色，光滑，水浸后半透明，很黏，成熟后变灰白色、黄褐色至淡褐色。菌肉薄，白色。菌褶较密，从盖基部辐射状生出，白色，后变为深肉桂色。无菌柄。担孢子椭圆形或卵形，（7～10）μm×（5～6）μm，光滑，淡锈褐色。

生　境 夏秋季群生于各种阔叶树的倒木或活立木的树皮缝隙上。

引证标本 大吐鲁沟，海拔2400m，2017年7月16日，朱学泰2401。桥头保护站小杏儿沟，海拔2400m，2019年9月25日，景雪梅411。

讨　论 据记载可食用，但担子果较小，故少有人采食。

亚疣孢靴耳

Crepidotus subverrucisporus Pilát 1949

分类地位 伞菌纲Agaricomycetes/伞菌目Agaricales/靴耳科Crepidotaceae

形态特征 担子果很小或小型。菌盖直径1~4cm，初期近蹄形，后逐渐展开成半圆形或扇形；表面初期白色，覆白绒毛，后变光滑，淡黄褐色至淡橙褐色。菌肉薄，白色至灰白色。菌褶较密，初期白色，后变为淡赭褐色，有时具粉色调。无菌柄。担孢子椭圆形或卵形，（6.5~10）μm×（4.5~6）μm，具小疣，淡粉灰色至灰黄褐色。

生　境 夏秋季群生于阔叶林腐木上。

引证标本 大吐鲁沟，海拔2450m，2017年7月16日，朱学泰2397。

紫韧革菌

Chondrostereum purpureum (Pers.) Pouzar 1959

分类地位 伞菌纲Agaricomycetes/伞菌目Agaricales/挂钟菌科Cyphellaceae

形态特征 担子果软革质，平伏或呈覆瓦状，外伸0.4~2cm，宽1.5~4cm。盖表面浅肉色至浅土黄色，具黄褐色绒毛；边缘色浅，常皱缩内卷。子实层面平滑，初期藕粉色，后呈灰褐色。无菌柄。担孢子近椭圆形，（5~7）μm ×（2~3）μm，无色，光滑。

生　境 夏秋季覆瓦状簇生于杨、柳等阔叶树干或木桩上。

引证标本 窑洞沟，海拔2100m，2020年8月9日，朱学泰3958。小吐鲁沟，海拔2720m，2020年8月10日，朱学泰3985。小岗子沟，海拔2420m，2018年8月1日，朱学泰3206。

污粉褶菌近似种

Entoloma aff. *caccabus* (Kühner) Noordel. 1979

分类地位 伞菌纲Agaricomycetes/伞菌目Agaricales/粉褶菌科Entolomataceae

形态特征 担子果小型。菌盖直径2~5cm，凸镜形至平展，成熟后边缘翻卷成波状；表面暗棕褐色至黑褐色，常水渍状。菌肉薄，暗褐色。菌褶弯生，较稀疏，不等长，暗棕褐色。菌柄圆柱形，长4~6cm，粗0.5~0.8cm，暗褐色，水渍状，光滑，中空。担孢子不规则角形，（7~10）μm×（6~8）μm，浅黄褐色。

生　境 秋季生于云杉林地上。

引证标本 淌沟保护站棚子沟，海拔2010m，2020年10月2日，张国晴123。

棉絮状粉褶菌

Entoloma byssisedum (Pers.) Donk 1949

分类地位 伞菌纲Agaricomycetes/伞菌目Agaricales/粉褶菌科Entolomataceae

形态特征 担子果很小。菌盖直径0.5～2.5cm，靴耳状或侧耳状；表面白色、灰色至灰褐色，具绒毛。菌肉薄，白色。菌褶直生，较稀疏，污白色至浅粉色。菌柄很短，偏生至侧生长0.3～0.8cm，直径0.2～0.3cm。担孢子角形，（7.5～9.5）μm×（5.5～7.5）μm，淡粉红色。

生　境 夏秋季生于阔叶树腐木上。

引证标本 小吐鲁沟，海拔2713m，2020年8月10日，赵怡雪20。

暗紫粉褶菌

Entoloma euchroum (Pers.) Donk 1949

分类地位 伞菌纲Agaricomycetes/伞菌目Agaricales/粉褶菌科Entolomataceae

形态特征 担子果很小。菌盖直径1.5～2.5cm，扁半球形至扁平；表面暗棕紫黑色，覆纤毛状鳞片。菌肉薄，暗紫褐色。菌褶弯生，较稀疏，不等长，暗蓝紫色。菌柄圆柱形，长5～7cm，粗0.2～0.4cm，与盖同色，具纵棱纹，常扭曲状，中空。担孢子不规则角形，（9～12）μm×（6～8）μm，浅粉褐色。

生　境 秋季生于针阔混交林地上。

引证标本 竹林沟保护站阴洼沟，海拔2300m，2020年8月11日，朱学泰4022。

讨　论 此标本ITS序列与该种模式标本（产地俄罗斯）序列相似度达100%，且形态特征没有明显差异，可以确定是我国分布的新记录种。

毛脚粉褶菌

Entoloma hirtipes (Schumach.) M. M. Moser 1978

别　名　细毛柄丘伞

分类地位　伞菌纲Agaricomycetes/伞菌目Agaricales/粉褶菌科Entolomataceae

形态特征　担子果很小或小型。菌盖直径2~5cm，初期扁半球形，后渐成扁平，中央有小凸起；表面灰褐色至浅赭褐色，中部色深。菌肉薄，灰褐色。菌褶直生至弯生，较密，不等长，污粉色至浅粉褐色。菌柄细长，圆柱形，长6~12cm，粗0.2~0.4cm，与盖同色，中空；基部密覆白色绒毛。担孢子不规则角形，（11~13）μm×（7~8）μm，浅粉褐色。

生　境　夏秋季生于针阔混交林中地上。

引证标本　桥头保护站小杏儿沟，海拔2400m，2019年9月25日，冶晓燕512；桥头保护站小杏儿沟，海拔2400m，2019年9月25日，冶晓燕514；桥头保护站小杏儿沟，海拔2400m，2019年9月25日，冶晓燕530；桥头保护站小杏儿沟，海拔2400m，2019年9月25日，冶晓燕532；桥头保护站小杏儿沟，海拔2400m，2019年9月25日，景雪梅401；桥头保护站小杏儿沟，海拔2400m，2019年9月25日，刘金喜604。竹林沟，海拔2460m，2019年9月27日，刘金喜680；竹林沟，海拔2460m，2019年9月27日，冶晓燕618。吐鲁坪，海拔2880m，2019年8月3日，刘金喜189；吐鲁坪，海拔2880m，2019年8月3日，冶晓燕132。淌沟保护站棚子沟，海拔1980m，2019年9月28日，景雪梅540；淌沟保护站棚子沟，海拔1980m，2020年10月2日，张国晴129。淌沟保护站轱辘沟，海拔2210m，2019年8月4日，冶晓燕178；淌沟保护站轱辘沟，海拔2210m，2019年8月4日，朱学泰3305。大南沟，海拔2270m，2019年9月26日，刘金喜625。

沙生粉褶菌

Entoloma psammophilohebes Vila & J. Fernández 2013

分类地位 伞菌纲Agaricomycetes/伞菌目Agaricales/粉褶菌科Entolomataceae

形态特征 担子果小型。菌盖直径2~4cm，初期扁半球，后渐成凸镜形或扁平；表面灰褐色至暗褐色，盖缘有不明显棱纹。菌肉薄，浅灰褐色。菌褶弯生至近离生，较密，不等长，初期污粉色，成熟后变粉褐色。菌柄细长，圆柱形，长4~6cm，粗0.3~0.5cm，基部稍膨大；表面近光滑，与盖同色，中空；基部密覆白色绒毛。担孢子不规则角形，（9~12）μm×（7~9）μm，浅粉褐色。

生 境 秋季生于云杉林中地上。

引证标本 大有保护站，海拔2700m，2020年10月4日，张国晴199。

波状粉褶菌

Entoloma undatum (Gillet) M. M. Moser 1978

别　名　波状赤褶菇

分类地位　伞菌纲Agaricomycetes/伞菌目Agaricales/粉褶菌科Entolomataceae

形态特征　担子果很小。菌盖直径2～3cm，初期扁半球，后渐平展，中央有时下凹；表面灰褐色至暗褐色，带红色调，盖缘有不明显棱纹。菌肉薄，污粉褐色。菌褶稍延生，较密，不等长，初期污粉色，后变粉褐色。菌柄中生至偏生，圆柱形，纤细，长1～2cm，粗0.2～0.3cm，基部稍膨大；表面近光滑，与盖同色，覆污白色粉末状细鳞；基部稍膨大，覆白色绒毛。担孢子不规则角形，（7～10）μm×（5～7.5）μm，浅粉褐色。

生　境　夏秋季生于针叶林中地上。

引证标本　苏都沟，海拔2180m，2019年8月2日，朱学泰3227。

洁白拱顶菇

Cuphophyllus virgineus (Wulfen) Kovalenko 1989

别　名　洁白蜡伞、拱顶菇

分类地位　伞菌纲Agaricomycetes/伞菌目Agaricales/轴腹菌科Hydnangiaceae

形态特征　担子果小至中型，菌盖直径3～7cm，初期近钟形，后渐扁平，中部下凹；表面淡黄色至土黄色，幼时常湿润，后干燥至龟裂。菌肉白色，较厚。菌褶延生，稀而厚，不等长，褶间有横脉，白色。菌柄近圆柱形，向下渐变细，长3～8cm，粗0.5～1cm，平滑或上部有粉末，内实至松软。担孢子椭圆形至卵圆形，（8～12）μm×（4～5）μm，光滑，无色。

生　境　夏秋季在阔叶林地上单生或散生。

引证标本　桥头保护站小杏儿沟，海拔2400m，2020年10月6日，张国晴225。

讨　论　据记载可食用，与壳斗科植物形成外生菌根。

棘孢蜡蘑

Laccaria acanthospora A. W. Wilson & G. M. Muell. 2013

分类地位 伞菌纲Agaricomycetes/伞菌目Agaricales/轴腹菌科Hydnangiaceae

形态特征 担子果小型。菌盖直径2～4cm，初扁半球形，后渐平展，中央下凹呈脐状；表面肉红色至红褐色，过熟后成土褐色，光滑；盖缘具辐射状条纹。菌肉薄，肉红色。菌褶直生，稀疏，不等长，与菌盖同色。菌柄圆柱形，长4～8cm，直径0.3～0.5cm，肉红色，基部具白色细小绒毛。担孢子近球形至宽椭圆形，（7～11）μm×（6～9）μm，具小疣，无色。

生　境 夏秋季散生或群生于针叶林中地上。

引证标本 桥头保护站小杏儿沟，海拔2400m，2020年8月9日，冶晓燕855。竹林沟，海拔2450m，2019年9月27日，景雪梅512；竹林沟，海拔2450m，2019年9月27日，景雪梅515。

讨　论 孢子的棘突相较红蜡蘑复合群其他物种更突出，根据这一特点可以与其他相似种相区分。

红蜡蘑近似种

Laccaria aff. *laccata* (Scop.) Cooke 1884

分类地位 伞菌纲Agaricomycetes/伞菌目Agaricales/轴腹菌科Hydnangiaceae

形态特征 担子果小型。菌盖直径2~5cm，初期扁半球形，成熟后近平展，中央下凹呈脐状；表面肉红色至红褐色，光滑，湿润时水浸状；盖缘具辐射状条纹。菌肉薄，肉红色。菌褶直生，稀疏，不等长，与菌盖同色。菌柄圆柱形，长5~9cm，直径0.3~0.5cm，肉红色，基部具细小绒毛。担孢子近球形至宽椭圆形，（8~11）μm×（7~9）μm，具小疣，无色。

生　境 夏秋季散生或群生于针叶林中地上。

引证标本 大吐鲁沟，海拔2400m，2020年10月3日，杜璠88；大吐鲁沟，海拔2400m，2020年10月3日，冶晓燕995。大有保护站，海拔2700m，2020年10月4日，张国晴179。

华伞近似种

Haasiella aff. *splendidissima* Kotl. & Pouzar 1966

分类地位 伞菌纲Agaricomycetes/伞菌目Agaricales/蜡伞科Hygrophoraceae

形态特征 担子果很小或小型。菌盖直径1~4cm，中央下凹呈杯状，边缘稍内卷；表面覆微绒毛，土黄色、浅橙黄色至橙黄色。菌肉淡黄色，较薄。菌褶延生，稀疏，不等长，浅黄色至浅橙黄色。菌柄近圆柱形，基部稍膨大，长3~6cm，粗0.2~0.5cm，与盖同色，覆污白色粉粒状鳞片；基部菌丝白色。担孢子近球形，（5.5~7）μm×（4.5~5.5）μm，光滑，无色。

生　境 夏秋季生于林中苔藓层上。

引证标本 桥头保护站大南沟，海拔2300m，2019年9月26日，冶晓燕557；桥头保护站大南沟，海拔2300m，2019年9月26日，景雪梅480。淌沟保护站棚子沟，海拔2010m，2019年9月28日，冶晓燕644；淌沟保护站棚子沟，海拔2010m，2019年9月28日，景雪梅545；淌沟保护站棚子沟，海拔2010m，2019年9月28日，刘金喜728。竹林沟，海拔2450m，2020年10月5日，冶晓燕1035。桥头保护站小杏儿沟，海拔2400m，2019年9月25日，刘金喜598。大吐鲁沟，海拔2400m，2020年10月3日，朱学泰4142。

锥形湿伞近似种

Hygrocybe aff. *conica* (Schaeff.) P. Kumm. 1871

分类地位 伞菌纲Agaricomycetes/伞菌目Agaricales/蜡伞科Hygrophoraceae

形态特征 担子果小型。菌盖直径2~4cm，初期圆锥形，成熟变斗笠形至扁平；表面光滑，橙红色至橙黄色；边缘具条纹。菌肉浅橙黄色，薄。菌褶弯生至离生，白色至淡黄色，较稀疏，厚。菌柄圆柱形，长4~10cm，粗0.3~0.6cm，与盖同色，中空。担子果各部位受伤或干燥后均迅速变为黑色。担孢子椭圆形，（8~11）μm×（5.5~8）μm，无色，光滑。

生　境 夏秋季群生或散生于林中地上。

引证标本 窑洞沟，海拔2005m，2020年8月9日，朱学泰3950；窑洞沟，海拔2005m，2020年8月9日，张国晴30。桥头保护站小杏儿沟，海拔2400m，2020年10月6日，杜璠126。

讨　论 其近缘种据记载有毒，慎食。

美味蜡伞近似种

Hygrophorus aff. *agathosmus* (Fr.) Fr. 1838

分类地位 伞菌纲Agaricomycetes/伞菌目Agaricales/蜡伞科Hygrophoraceae

形态特征 子实体小至中型。菌盖直径3～8cm，初期扁半球形，后期近平展，中部稍凸起，表面黏，光滑，鼠灰色，边缘内卷至平展。菌肉白色。气味香。菌褶直生至稍延生，较密或稀薄，似蜡质，白色变至带灰色。菌柄长4～10cm，粗0.5～2cm，干或湿润，光滑，上部有粉，下部在老时变灰色及有条纹，实心。担孢子印白色；担孢子椭圆形、光滑，无色，（7～10）μm×（4.5～5.5）μm。

生　境 通常在夏秋季在云杉、松及混交林中地上成群生长。

引证标本 大有保护站，海拔2700m，2020年10月4日，张国晴181；大有保护站，海拔2700m，2020年10月4日，朱学泰4174；大有保护站，海拔2700m，2020年10月4日，冶晓燕1019。

阿氏盔孢伞

Galerina atkinsoniana A. H. Sm. 1953

分类地位 伞菌纲Agaricomycetes/伞菌目Agaricales/层腹菌科Hymenogastraceae

形态特征 担子果很小。菌盖直径 0.5~1.5cm，钟形至斗笠形，中央有乳状凸起；表面黄色至棕色，盖缘有棱纹。菌肉薄，浅黄色。菌褶弯生，稀疏，不等长，棕色至褐色。菌柄圆柱形，长3.5~4.0cm，粗 0.1~0.2cm，黄色至棕色，空心，表面常被白色短绒毛。担孢子长椭圆形，（7.5~10）μm×（5~7）μm，浅黄色至黄色，近光滑。

生　境 夏秋季生于针阔叶混交林中腐木苔藓层上。

引证标本 吐鲁坪，海拔2950m，2019年8月3日，冶晓燕143。竹林沟，海拔2500m，2020年8月11日，朱学泰4043。

棒囊盔孢伞

Galerina clavata (Velen.) Kühner 1935

分类地位 伞菌纲Agaricomycetes/伞菌目Agaricales/层腹菌科Hymenogastraceae

形态特征 担子果很小。菌盖直径 0.5~1.5cm，半球形至近平展，黄棕色至棕色，湿时边缘有透明状条纹。菌肉很薄，黄褐色。菌褶直生至弯生，较稀，不等长，黄色至棕色。菌柄圆柱形，长3~6cm，粗0.2~0.5cm，黄色、黄棕色至褐色，表面具白色粉霜状鳞片，中空。担孢子长椭圆形，（9.5~12.5）μm ×（5~6.5）μm，淡黄色至黄色，近光滑。

生　境 夏秋季生于云杉林中苔藓上。

引证标本 淌沟保护站棚子沟，海拔2000m，2020年10月2日，朱学泰4121。

纹缘盔孢伞

Galerina marginata (Batsch) Kühner 1935

分类地位 伞菌纲Agaricomycetes/伞菌目Agaricales/
层腹菌科Hymenogastraceae

形态特征 担子果很小或小型。菌盖直径1.5～
4cm，幼时圆锥形，后期近平展，中部乳状凸起；
表面黄褐色，边缘有细条棱。菌肉污白色至淡黄
色，薄。菌褶直生至弯生，较稀疏，不等长，初
期淡黄色，后变黄褐色。菌柄近圆柱形，长2～5cm，
粗0.2～0.4cm，上部污黄色，下部暗褐色。菌环上位，膜
质。担孢子椭圆形，（8～9.5）μm×（5～6）μm，具疣突，淡锈褐色。

生 境 夏秋季单生或群生于针叶树腐木桩上。

引证标本 淌沟保护站棚子沟，海拔2030m，2020年10月2日，朱学泰4112。
竹林沟，海拔2500m，2019年9月27日，冶晓燕592。

讨 论 含剧毒毒素鹅膏毒肽（α-amanitin，β-amanitin），不可采食。

纹柄盔孢伞

Galerina stylifera (G. F. Atk.) A. H. Sm. & Singer 1958

分类地位 伞菌纲Agaricomycetes/伞菌目Agaricales/层腹菌科Hymenogastraceae

形态特征 担子果很小。菌盖直径 2～3cm，扁半球形至近平展，中央有乳状凸起；表面黄棕色至棕色，边缘色较浅；盖缘具半透明棱纹，有时具菌幕残留。菌肉薄，浅黄褐色。菌褶直生，较稀疏，不等长，黄色至棕色。菌柄圆柱形，长4～5cm，粗0.2～0.5cm，上部乳白色，中下部黄色至棕色，表面常覆白色纤毛状鳞片，中实。担孢子近椭圆形，（5～7.5）μm×（4～5）μm，浅黄褐色至棕色，光滑。

生　境 夏秋季单生或群生于针叶树腐木或苔藓上。

引证标本 淌沟保护站棚子沟，海拔2050m，2019年9月28日，冶晓燕654；淌沟保护站棚子沟，海拔2050m，2020年10月2日，张国晴141。

多形盔孢伞

Galerina triscopa (Fr.) Kühner 1935

分类地位 伞菌纲Agaricomycetes/伞菌目Agaricales/层腹菌科Hymenogastraceae

形态特征 担子果很小。菌盖直径 0.3～1.2cm，初期近锥形，后呈斗笠形至近平展，中央有锐突；表面黄棕色至棕褐色，湿时具透明状条纹。菌肉薄，污白色。菌褶弯生至近离生，较稀疏，不等长，淡肉桂色至肉桂色。菌柄圆柱形，长1～4cm，粗 0.05～0.2cm，黄棕色至深褐色，上部具白色粉霜状鳞片，下部光滑，中空。担孢子宽椭圆形至椭圆形，（6～7.5）μm×（4～5）μm，淡黄色，具小疣突。

生　境 夏秋季散生于针阔叶混交林中腐木或苔藓层上。

引证标本 淌沟保护站轱辘沟，海拔2210m，2019年8月4日，冶晓燕173。竹林沟，海拔2550m，2020年8月11日，朱学泰4032。

沟条盔孢伞

Galerina vittiformis (Fr.) Singer 1950

分类地位 伞菌纲Agaricomycetes/伞菌目Agaricales/层腹菌科Hymenogastraceae

形态特征 担子果小型。菌盖直径1~2cm，初期圆锥形或钟形，后变平展，有时中部具脐起；表面黄褐色，光滑，具有放射状条纹。菌肉薄，褐色。菌褶直生至弯生，稀疏，黄褐色。菌柄圆柱形，长2.5~3cm，粗0.1~0.2cm，红褐色，中空。担孢子长椭圆形，（9~12）μm×（5.5~7）μm，具细疣，浅锈褐色。

生　境 夏秋季散生于针阔混交林内苔藓层上。

引证标本 竹林沟，海拔2500m，2019年9月27日，冶晓燕616。

讨　论 据记载有毒，不可食用。

赭黄裸伞

Gymnopilus penetrans (Fr.) Murrill 1912

分类地位 伞菌纲Agaricomycetes/伞菌目Agaricales/层腹菌科Hymenogastraceae

形态特征 担子果小至中型。菌盖直径3～7cm，初期半球形，后变扁平至平展；表面黄褐色至赭黄色。菌肉黄色，薄。菌褶直生，黄色，有深色斑点，不等长。菌柄近圆柱形，长3～7cm，粗0.3～0.6cm，浅土黄色至赭黄色，松软至变空心。担孢子椭圆形至宽卵圆形，（7～9）μm×（4～5）μm，具小疣，浅黄褐色。

生　境 夏秋季单生或丛生于针叶树腐木上或松果上。

引证标本 窑洞沟，海拔2010m，2020年8月9日，朱学泰3956；窑洞沟，海拔2010m，2020年8月9日，赵怡雪14。竹林沟，海拔2450m，2020年8月11日，冶晓燕908。大南沟，海拔2280m，2019年9月26日，冶晓燕561；大南沟，海拔2280m，2019年9月26日，刘金喜620。桥头保护站小杏儿沟，海拔2400m，2019年9月25日，刘金喜570；桥头保护站小杏儿沟，海拔2400m，2019年9月25日，刘金喜585。

讨　论 味苦，据记载有毒，不可食用。

芥味滑锈伞近似种

Hebeloma aff. *sinapizans* (Paulet) Gillet 1876

分类地位 伞菌纲Agaricomycetes/伞菌目Agaricales/层腹菌科Hymenogastraceae

形态特征 子实体中至大型。菌盖直径5~10cm，初期扁半球形，后期平展，中部稍凸起；表面光滑，黏，深蛋壳色至深肉桂色。菌肉白色，厚，质地紧密，具强烈芥菜或萝卜气味，有辣味。菌褶弯生或离生，稍密，不等长，淡锈色至咖啡色。菌柄圆柱形，长6~12cm，粗0.8~2cm，平滑，污白色至浅肉桂色，松软至中空。担孢子椭圆形，（11~14）μm×（5.5~7.5）μm，淡锈褐色，具小疣突。

生境 夏秋季单生或散生于针叶林中地上。

引证标本 大有保护站，海拔2700m，2020年10月4日，朱学泰4192；大有保护站，海拔2700m，2020年10月4日，杜璠105。

讨论 味道辣，误食后产生胃肠炎中毒症状。

高山滑锈伞

Hebeloma alpinum (J. Favre) Bruchet 1970

分类地位 伞菌纲Agaricomycetes/伞菌目Agaricales/层腹菌科Hymenogastraceae

形态特征 担子果很小或小型。菌盖直径2～3.5cm，幼时半球形，后渐展开至平展，中部微凸起，表面光滑，中部浅黄色至红褐色，边缘白色至灰白色；边缘有时内卷，无条纹。菌肉薄，白色，味微苦。菌褶弯生，密，不等长，肉桂色至赭棕色，褶缘色较浅。菌柄圆柱形，长2.5～4.5cm，粗0.3～0.6cm，白色，纤维质，空心，上部具白色粉霜状鳞片，基部明显膨大。担孢子杏仁形至长椭圆形，（10～14.5）μm×（5.5～8.5）μm，黄棕色，具小疣突。

生 境 夏秋季散生于白桦、落叶松混交林中。

引证标本 吐鲁坪，海拔2880m，2019年8月3日，冶晓燕117。桥头保护站小杏儿沟，海拔2400m，2019年9月25日，景雪梅412；桥头保护站小杏儿沟，海拔2400m，2019年9月25日，冶晓燕524。

白缘滑锈伞

Hebeloma leucosarx P. D. Orton 1960

分类地位 伞菌纲Agaricomycetes/伞菌目Agaricales/
层腹菌科Hymenogastraceae

形态特征 担子果小至中型。菌盖直径2~6cm，
幼时圆锥形至半球形，后渐趋平展，中部常微凸，
盖缘有时开裂呈波浪形；表面光滑，湿时黏，中部
淡肉桂色至黄棕色，边缘呈白色至灰白色。菌肉薄，
白色。菌褶直生至弯生，较密，不等长，浅棕色，褶缘
色浅。菌柄圆柱形，长3~7cm，粗0.3~1cm，有时基部稍膨
大，空心，灰白色，有时稍具黄色调，上部具有白色粉霜状鳞片。担孢子长
椭圆形至柠檬形，（10~13）μm×（5~8）μm，浅黄褐色，有疣突。

生 境 夏秋季散生于桦树林中地上。

引证标本 吐鲁坪，海拔2900m，2019年8月3日，冶晓燕122。小岗子沟，海
拔2420m，2019年8月1日，刘金喜144。小吐鲁沟，海拔2720m，2020年8月
10日，朱学泰3971。竹林沟，海拔2450m，2020年8月11日，朱学泰4004。大
有保护站，海拔2700m，2020年10月4日，杜璠108。

褐色滑锈伞

Hebeloma mesophaeum (Pers.) Quél. 1872

分类地位　伞菌纲Agaricomycetes/伞菌目Agaricales/层腹菌科Hymenogastraceae

形态特征　担子果小型。菌盖直径3～5cm，幼时半球形至钟形，后呈凸镜型至平展，中部常钝凸；表面光滑，湿时黏，中部黄褐色至深红褐色，边缘渐浅至土黄色；盖缘幼时具丝膜。菌肉淡灰褐色，较厚，具萝卜气味。菌褶直生至弯生，较密，不等长，幼时污白色，后变淡黄褐色，褶缘白色，常不规则齿状。菌柄近圆柱形，长2.2～5.5cm，粗0.3～0.5cm，初期实心，成熟后渐中空，浅黄色至浅黄褐色，具土黄色至淡褐色的纤维状鳞片。担孢子椭圆形至杏仁形，（8.5～10.5）μm×（4.5～6.5）μm，淡黄褐色，具小疣。

生　　境　夏秋季节单生或散生于林中地上。

引证标本　桥头保护站小杏儿沟，海拔2390m，2019年9月25日，景雪梅392；桥头保护站小杏儿沟，海拔2390m，2019年9月25日，景雪梅393。竹林沟，海拔2500m，2019年9月27日，冶晓燕576。

垂暮丝盖伞
Inocybe appendiculata Kühner 1955

分类地位　伞菌纲Agaricomycetes/伞菌目Agaricales/丝盖伞科Inocybaceae

形态特征　担子果很小。菌盖直径1.5～3cm，幼时锥形至钟形，后变为斗笠形或凸镜形，中央常具突起；表毛密覆鳞片，赭黄色至土橙褐色；盖缘常稍开裂，幼时具丝膜状菌幕残留。菌肉污白色，较薄。菌褶直生，密，幼时淡灰色，成熟后变灰褐色。菌柄圆柱形，长3～5cm，粗0.3～0.5cm，有时基部稍膨大，表面草黄色至米黄色，中实。担孢子椭圆形，（9～11）μm×（4.5～6）μm，光滑，黄褐色。

生　境　秋季单生于阔叶林内地上。

引证标本　吐鲁坪，海拔2900m，2019年8月3日，冶晓燕118。

褐鳞丝盖伞

Inocybe cervicolor (Pers.) Quél. 1886

分类地位 伞菌纲Agaricomycetes/伞菌目Agaricales/丝盖伞科Inocybaceae

形态特征 担子果很小。菌盖直径1.5～2.5cm，幼时锥形至钟形，后渐平展，中央钝凸；表面黄褐色，覆放射状排列的平伏块状褐色鳞片；盖缘常具丝膜状菌幕残留。菌肉污粉色，较薄，具腐鱼腥气味。菌褶直生，较密，宽辐，厚，浅黄褐色至褐色。菌柄近圆柱形，长3～4cm，粗0.3～0.6cm，基部稍膨大，上部污白色，中下部淡褐色；表面具纤丝状鳞片，具纵条纹，中实。担孢子长椭圆形，（12～15）μm×（5.5～7.5）μm，光滑，黄褐色。

生　境 夏秋季单生于针叶林地上。

引证标本 小岗子沟，海拔2420m，2019年8月1日，冶晓燕94。

黄棕丝盖伞

Inocybe fuscidula Velen. 1920

分类地位 伞菌纲Agaricomycetes/伞菌目Agaricales/丝盖伞科Inocybaceae

形态特征 担子果小型。菌盖直径3~4.5cm，初期圆锥形，后变斗笠形至凸镜形，中央有钝突；表面米黄色至黄棕色，覆黄褐色鳞片；菌缘幼时具白色丝膜状菌幕残留。菌肉薄，与菌盖同色。菌褶弯生，较密，不等长，灰褐色至黄棕色。菌柄圆柱形，长4~8cm，宽0.3~0.6cm，基部稍粗，中空，表面米黄色至黄棕色。担孢子长椭圆形，（10~13）μm×（5~6.5）μm，光滑，黄褐色。

生　境 夏秋季散生于云杉林中地上。

引证标本 桥头保护站小杏儿沟，海拔2400m，2019年9月25日，景雪梅398；桥头保护站小杏儿沟，海拔2400m，2019年9月25日，景雪梅421；桥头保护站小杏儿沟，海拔2400m，2019年9月25日，景雪梅422；桥头保护站小杏儿沟，海拔2400m，2019年9月25日，冶晓燕529。淌沟保护站棚子沟，海拔1960m，2019年9月25日，景雪梅557；淌沟保护站棚子沟，海拔1960m，2019年9月25日，景雪梅558。小吐鲁沟，海拔2720m，2020年8月10日，朱学泰3969。桥头保护站细沟，海拔2330m，2019年9月26日，冶晓燕564。大吐鲁沟，海拔2460m，2018年7月16日，朱学泰2391。

甘肃丝盖伞

Inocybe gansuensis T. Bau & Y. G. Fan 2020

分类地位　伞菌纲Agaricomycetes/伞菌目Agaricales/丝盖伞科Inocybaceae

形态特征　担子果小型。菌盖直径2.5～4cm，初期近半球形，后渐平展至扁平形；表面密被纤丝状条纹，灰褐色至褐色，边缘常稍内卷。菌肉薄，污白色。菌褶直生，较密，不等长，初污白色，成熟后变橙褐色。菌柄圆柱形，长3～6cm，粗0.6～1.2cm，基部稍膨大；污白色至浅褐色，覆纤丝状鳞片，中实。担孢子椭圆形或近杏仁形，（12～14）μm×（6.5～7.5）μm，浅褐色，光滑。

生　境　夏秋季单生或散生在云杉林中地上。

引证标本　竹林沟，海拔2550m，2020年8月11日，张国晴84。

污白丝盖伞

Inocybe geophylla (Bull.) P. Kumm. 1871

分类地位 伞菌纲Agaricomycetes/伞菌目Agaricales/丝盖伞科Inocybaceae

形态特征 担子果很小。菌盖直径1～2.5cm，幼时钟形，后平展，中部稍凸起；表面污白色至浅黄色，干燥时具紫灰色调，具放射状纤毛且有丝光；盖缘具蛛网状菌幕残留。菌肉白色，薄，有土腥气味。菌褶直生至弯生，较密，灰色至灰褐色。菌柄近圆柱形，长3～6cm，粗0.2～0.4cm，与盖同色或色稍浅，顶部具粉状鳞片，中下部具纤丝状鳞片，中实。担孢子椭圆形，（7.5～10）μm×（4.5～6）μm，光滑，淡褐色。

生　境 夏秋季在林中地上群生或散生。

引证标本 桥头保护站细沟，海拔2330m，2019年9月26日，冶晓燕563；桥头保护站细沟，海拔2330m，2019年9月26日，冶晓燕558；桥头保护站细沟，海拔2330m，2019年9月26日，景雪梅479；桥头保护站细沟，海拔2330m，2019年9月26日，景雪梅465；桥头保护站细沟，海拔2330m，2019年9月26日，景雪梅471；桥头保护站细沟，海拔2330m，2019年9月26日，刘金喜640。竹林沟，海拔2500m，2019年9月27日，景雪梅492；竹林沟，海拔2500m，2019年9月27日，景雪梅484；竹林沟，海拔2500m，2019年9月27日，景雪梅498；竹林沟，海拔2500m，2019年9月27日，冶晓燕590；竹林沟，海拔2500m，2019年9月27日，冶晓燕583；竹林沟，海拔2500m，2019年9月27日，刘金喜676；竹林沟，海拔2500m，2019年9月27日，刘金喜674。桥头保护站小杏儿沟，海拔2380m，2019年9月25日，冶晓燕517。淌沟保护站轱辘沟，海拔2210m，2019年8月4日，冶晓燕175。

山地丝盖伞

Inocybe kohistanensis Jabeen, I. Ahmad & Khalid 2016

分类地位 伞菌纲Agaricomycetes/伞菌目Agaricales/丝盖伞科Inocybaceae

形态特征 担子果小型。菌盖直径3～5cm，幼时锥形，后扁平至凸镜形，中部突起；表面浅褐色至黄褐色，具放射状纤毛。菌肉白色，薄，有土腥气味。菌褶直生至弯生，较密，污白色至灰褐色。菌柄圆柱形，长3～8cm，粗0.4～0.8cm，基部常膨大；表面平滑，污白色至浅橙褐色，顶部常具粉状鳞片，中实。担孢子椭圆形，（9.5～12.5）μm×（6～8.5）μm，光滑，淡黄褐色。

生　境 夏秋季在林中地上单生或散生。

引证标本 桥头保护站细沟，海拔2340m，2019年9月26日，刘金喜639；桥头保护站细沟，海拔2340m，2019年9月26日，刘金喜643；桥头保护站细沟，海拔2340m，2019年9月26日，刘金喜616；桥头保护站细沟，海拔2340m，2019年9月26日，冶晓燕554；桥头保护站细沟，海拔2340m，2019年9月26日，冶晓燕568；桥头保护站细沟，海拔2340m，2019年9月26日，冶晓燕541；桥头保护站细沟，海拔2340m，2019年9月26日，景雪梅435；桥头保护站细沟，海拔2340m，2019年9月26日，景雪梅451；桥头保护站细沟，海拔2340m，2019年9月26日，景雪梅468；桥头保护站细沟，海拔2340m，2019年9月26日，景雪梅475。吐鲁坪，海拔2900m，2019年8月3日，刘金喜170。

讨　论 该物种学名的种加词"*kohistanensis*"源于其标本模式产地巴基斯坦的斯瓦特山地（Swat Kohistan），因此相对应地将其中文名拟为山地丝盖伞。

蜡盖丝盖伞

Inocybe lanatodisca Kauffman 1918

分类地位 伞菌纲Agaricomycetes/伞菌目Agaricales/丝盖伞科Inocybaceae

形态特征 担子果小型。菌盖3.5～5cm，幼时锥形，成熟后斗笠形至近平展，中央具有明显的突起；表面橘黄色至褐黄色，颜色均一；盖缘常具细裂缝。菌肉较薄，灰白色，具淡土腥味。菌褶直生，密，不等长，初灰白色，成熟后变浅黄褐色。菌柄圆柱形，长4～5cm，粗0.5～0.8cm，基部常稍膨大；表面基本与盖同色，基部污白色。担孢子椭圆形，（8～10）μm×（5～6）μm，光滑，黄褐色。

生　境 夏秋季在林中地上单生或散生。

引证标本 大吐鲁沟，海拔2400m，2020年8月10日，张国晴61。小吐鲁沟，海拔2720m，2020年8月10日，朱学泰3988；小吐鲁沟，海拔2720m，2020年8月10日，冶晓燕873；小吐鲁沟，海拔2720m，2020年8月10日，赵怡雪29。

薄囊丝盖伞

Inocybe leptocystis G. F. Atk. 1918

分类地位 伞菌纲Agaricomycetes/伞菌目Agaricales/丝盖伞科Inocybaceae

形态特征 担子果很小或小型。菌盖直径1.5~4cm，幼时半球形，后成凸镜形至近平展，中央具钝突；表面米黄色至褐色，有时为污橙黄色，被平伏的细密鳞片。菌肉薄，白色。菌褶直生，密，幼时白色至灰白色，成熟后为黄褐色至褐色。菌柄圆柱形，长3.5~8cm，粗0.3~0.5cm，基部有时稍膨；表面光滑，白色至米黄色，中实。担孢子椭圆形，（9~11.5）μm×（5~6.5）μm，光滑，淡褐色。

生境 夏秋季单生或散生于云杉林中地上。

引证标本 竹林沟，海拔2500m，2020年8月11日，冶晓燕899；竹林沟，海拔2500m，2020年8月11日，赵怡雪73。吐鲁坪，海拔2850m，2019年8月3日，刘金喜173；吐鲁坪，海拔2850m，2019年8月3日，刘金喜175；吐鲁坪，海拔2850m，2019年8月3日，刘金喜186；吐鲁坪，海拔2850m，2019年8月3日，刘金喜190；吐鲁坪，海拔2850m，2019年8月3日，刘金喜192；吐鲁坪，海拔2850m，2019年8月3日，刘金喜172；吐鲁坪，海拔2850m，2019年8月3日，朱学泰3256。大吐鲁沟，海拔2400m，2018年7月16日，朱学泰2382。小吐鲁沟，海拔2720m，2020年8月10日，朱学泰3963；小吐鲁沟，海拔2720m，2020年8月10日，朱学泰3965。

斑纹丝盖伞

Inocybe maculata Boud. 1885

分类地位 伞菌纲Agaricomycetes/伞菌目Agaricales/丝盖伞科Inocybaceae

形态特征 担子果小至中型。菌盖直径2~6cm，幼时锥形至斗笠形，后渐平展，中央具明显凸起；表面黄褐棕色至橙褐色，覆辐射状纤毛长条纹；盖缘常开裂。菌肉污白色，薄。菌褶直生至弯生，浅灰褐色至褐黄色。菌柄圆柱形，长3~8cm，粗0.5~1.2cm，基部常稍膨大，污白色至浅黄褐色，中实。担孢子椭圆形，（9~11）μm×（4.5~6）μm，光滑，淡褐色。

生　境 秋季散生或群生于林中地上。

引证标本 大吐鲁沟，海拔2400m，2018年7月16日，朱学泰2394；大吐鲁沟，海拔2400m，2018年7月16日，朱学泰2377。小岗子沟，海拔2420m，2019年8月1日，刘金喜139。

光帽丝盖伞

Inocybe nitidiuscula (Britzelm.) Lapl. 1894

分类地位 伞菌纲Agaricomycetes/伞菌目Agaricales/丝盖伞科Inocybaceae

形态特征 担子果很小。菌盖直径1.5~3cm，幼时锥形，后呈钟形至渐平展，盖中央稍突起；表面光滑，纤丝状，中央深褐色，向边缘色渐浅，过熟后边缘开裂。菌肉薄，白色，具淡土腥味。菌褶直生至近延生，较密，不等长，幼时污白色，成熟后褐色。菌柄圆柱形，长3~6cm，直径0.2~0.4cm，上部粉褐色，下部淡褐色至灰白色，基部常膨大且具白色絮状物。担孢子椭圆形至近胡桃形，（9~11）μm×（5~6）μm，光滑，淡褐色。

生　境 夏秋季单生或散生于林中地上。

引证标本 桥头保护站小杏儿沟，海拔2400m，2020年10月6日，冶晓燕1047；桥头保护站小杏儿沟，海拔2400m，2020年10月6日，张国晴223。大有保护站，海拔2680m，2020年10月4日，朱学泰4196。

裂丝盖伞

Inocybe rimosa (Bull.) P. Kumm. 1871

分类地位 伞菌纲Agaricomycetes/伞菌目Agaricales/丝盖伞科Inocybaceae

形态特征 担子果小型。菌盖直径3～5cm，初期近圆锥形，后呈斗笠形至渐平展，中央具较尖锐的突起；表面密被纤丝状条纹，淡乳黄色至黄褐色，中部色较深，干燥时龟裂，边缘常放射状开裂。菌肉薄，污白色。菌褶弯生，较密，不等长，幼时淡乳白色，成熟后褐黄色。菌柄圆柱形，长2.5～6cm，粗0.5～1.5cm，基部稍膨大；上部白色，覆小颗粒状鳞片，下部污白色至浅褐色，具纤毛状鳞片，常扭曲，中实。担孢子椭圆形或近肾形，（10～12.5）μm×（5～7.5）μm，锈色，光滑。

生　境 夏秋季单生或群生在林中地上。

引证标本 竹林沟，海拔2500m，2020年8月11日，朱学泰4003。桥头保护站细沟，海拔2340m，2019年9月26日，景雪梅453。大吐鲁沟，海拔2400m，2019年8月2日，刘金喜148。淌沟保护站轱辘沟，海拔2220m，2019年8月4日，冶晓燕156。

讨　论 据记载该种毒菌曾引发中毒，潜伏期0.5～2h，主要产生神经精神性症状，不可食用。

华美丝盖伞

Inocybe splendens R. Heim 1932

分类地位 伞菌纲Agaricomycetes/伞菌目Agaricales/丝盖伞科Inocybaceae

形态特征 担子果小型。菌盖直径2.5~4.5cm，幼时半球形至钟形，后渐平展，盖中央具明显钝圆突起；表面光滑，具辐射纤丝状，有时具块状平伏鳞片，中央棕褐色至深褐色，边缘色渐浅。菌肉薄，白色至米黄色，具酸涩味。菌褶直生，较密，不等长，幼时白色至灰白色，成熟后褐色。菌柄圆柱形，长4~8cm，直径0.6~1cm，基部稍膨大，白色至浅肉褐色，覆白色粉霜状鳞片。担孢子椭圆形至近杏仁形，（9~11.5）μm×（5.5~6.5）μm，光滑，淡黄褐色。

生　境 夏秋季单生或散生于林中地上。

引证标本 桥头保护站小杏儿沟，海拔2400m，2019年9月25日，景雪梅423；桥头保护站小杏儿沟，海拔2400m，2019年9月25日，冶晓燕534。窑洞沟，海拔2050m，2020年8月9日，赵怡雪13。吐鲁坪，海拔2950m，2019年8月3日，冶晓燕116。桥头保护站细沟，海拔2340m，2019年9月26日，冶晓燕542。

地丝盖伞

Inocybe terrigena (Fr.) Kühner 1953

分类地位 伞菌纲Agaricomycetes/伞菌目Agaricales/丝盖伞科Inocybaceae

形态特征 担子果小型。菌盖直径1.5~5cm，幼时半球形，后钟形，成熟后近平展至中部下凹，边缘常内卷；表面被平伏的辐射状排列鳞片，黄色至褐黄色；盖缘具淡黄色丝膜状菌幕残留。菌肉肉质，乳黄色。菌褶直生至稍延生，密，不等长，幼时橄榄黄色，成熟后黄褐色。菌柄圆柱形，较粗壮，长3.5~5cm，粗0.5~0.88cm，中实，上部表面光滑，下部被粗纤维鳞片，黄色至黄褐色。担孢子椭圆形或近豆形，（8.5~9.5）μm×（4~5）μm，光滑，黄褐色。

生　境 夏秋季单生于针叶林、阔叶林中或林缘。

引证标本 竹林沟，海拔2450m，2020年8月11日，朱学泰4033。小吐鲁沟，海拔2730m，2020年8月10日，朱学泰3973；小吐鲁沟，海拔2730m，2020年8月10日，朱学泰3961。大吐鲁沟，海拔2350m，2020年8月10日，张国晴47；大吐鲁沟，海拔2350m，2020年8月10日，杜璠44。

茶褐丝盖伞

Inocybe umbrinella Bres. 1905

分类地位 伞菌纲Agaricomycetes/伞菌目Agaricales/丝盖伞科Inocybaceae

形态特征 担子果小型。菌盖直径3~5cm，初期钟形至斗笠形，后渐平展，中央明显突起；表面密被放射状纤丝条纹，茶褐色，边缘色较浅；盖缘常辐射状开裂。菌肉薄，污白色。菌褶直生至弯生，密，不等长，初污白色，成熟后变茶褐色。菌柄圆柱形，长4~8cm，粗0.4~0.6cm，基部稍膨大；污白色至浅褐色，中实。担孢子椭圆形或卵圆形，（8~12）μm×（6~7.5）μm，浅黄褐色，光滑。

生 境 夏秋季单生或散生在针叶林和针阔混交林中地上。

引证标本 窑洞沟，海拔2050m，2020年8月9日，朱学泰3945；窑洞沟，海拔2050m，2020年8月9日，朱学泰3929。竹林沟，海拔2500m，2020年8月11日，杜璠64；竹林沟，海拔2500m，2019年9月27日，景雪梅495。

梨形马勃

Apioperdon pyriforme (Schaeff.) Vizzini 2017

分类地位 伞菌纲Agaricomycetes/伞菌目Agaricales/马勃科Lycoperdaceae

形态特征 担子果小型，近球形、梨形至短棒状，高2～3.5cm，不孕基部发达，由白色菌索固定于基物上。幼时包被污白色至浅黄褐色，成熟后呈茶褐色至栗褐色，外包被具疣状颗粒或小刺，或脱落后形成网纹。孢体内部幼时白色，成熟后变橄榄褐色。担孢子近球形，（4～5）μm×（3.5～4.5）μm，橄榄褐色，光滑。

生　境 夏秋季在林中地上或腐熟木桩基部散生、密集群生或丛生。

引证标本 桥头保护站细沟，海拔2340m，2019年9月26日，刘金喜654。

讨　论 幼嫩的担子果可食用，成熟后孢子粉可用于止血。

白垩秃马勃

Calvatia cretacea (Berk.) Lloyd 1917

别　名　白垩马勃

分类地位　伞菌纲Agaricomycetes/伞菌目Agaricales/马勃科Lycoperdaceae

形态特征　担子果小至中型，卵圆形至梨形，高2～7.5cm，宽1.5～6cm，不孕基部发达或不发达。包被幼时污白色至污粉色，成熟后呈茶褐色至栗褐色，顶部密覆褐色小刺状鳞片，侧面近平滑。孢体内部幼时白色至黄棕色，成熟后变橄榄褐至深褐色。担孢子近球形，（5～7.5）μm×（4.5～7）μm，黄褐色，具细小疣突。

生　境　夏秋季单生或散生于林中地上。

引证标本　淌沟保护站轱辘沟，海拔2220m，2019年8月4日，冶晓燕177。小吐鲁沟，海拔2715m，2019年8月2日，刘金喜154。

大秃马勃

Calvatia gigantea (Batsch) Lloyd 1904

分类地位 伞菌纲Agaricomycetes/伞菌目Agaricales/马勃科Lycoperdaceae

形态特征 担子果很大，直径15～35cm，球形、近球形或不规则形，无柄，不育基部很小或无，由菌索固定于基物上。外包被幼时白色至污白色，具微绒毛，后变浅黄褐色，稍带绿色调，光滑，过成熟后开裂成并不规则块状剥落。孢体内部幼时白色，成熟后变硫黄色至橄榄褐色。担孢子卵圆形、杏仁形至近球形，（3.5～5.5）μm×（3～5）μm，浅橄榄褐色，光滑或具细微小疣。

生　境 夏秋季单生或群生于草地上。

引证标本 桥头保护站细沟，海拔2070m，2011年9月14日，蒋长生4。

讨　论 幼时可食，孢子粉可用于止血。

长柄梨形马勃

Lycoperdon excipuliforme (Scop.) Pers. 1801

分类地位 伞菌纲Agaricomycetes/伞菌目Agaricales/马勃科Lycoperdaceae

形态特征 担子果很小，梨形至近球形，高2～5cm；常具较长的柄，不育基部发达，基部具白色菌丝束。包被幼时污白色至淡黄色，后变茶褐色，具细小颗粒状鳞片。孢体内初期白色，成熟后变黑褐色，呈棉絮状并附大量褐色担孢子粉。担孢子近球形，（3.5～4.5）μm×（3～4）μm，橄榄褐色，光滑，薄壁。

生 境 夏秋季群生于阔叶林中的腐木上或地上。

引证标本 淌沟保护站轱辘沟，海拔2210m，2019年8月4日，朱学泰3293；淌沟保护站轱辘沟，海拔2210m，2019年8月4日，冶晓燕169。竹林沟，海拔2500m，2020年8月11日，张国晴96；竹林沟，海拔2500m，2020年8月11日，赵怡雪65；竹林沟，海拔2500m，2018年7月14日，朱学泰2373；竹林沟，海拔2500m，2019年9月27日，冶晓燕604。桥头保护站细沟，海拔2340m，2019年9月26日，景雪梅466。

讨 论 幼嫩的担子果可食用，成熟后孢子粉可用于止血。

乳形马勃

Lycoperdon mammiforme Pers. 1801

分类地位 伞菌纲Agaricomycetes/伞菌目Agaricales/马勃科Lycoperdaceae

形态特征 担子果小型，梨形，高3~7cm，宽2~4cm。包被初期白色，后变橄榄褐色至铜褐色，表面覆小刺状的褐色鳞片，顶端孔口初呈乳突状，后开口成撕裂状；不育基部较发达。孢体内幼时白色，老后渐变为暗褐色。担孢子近球形，（4~5）μm×（3.5~4.5）μm，褐色，具疣突。

生　境 夏秋季生于林中地上。

引证标本 大有保护站，海拔2700m，2020年10月4日，朱学泰4171。大吐鲁沟，海报2400m，2018年7月16日，朱学泰2398。吐鲁坪，海拔2850m，2019年8月3日，刘金喜182。桥头保护站小杏儿沟，海拔2400m，2019年9月25日，刘金喜610。桥头保护站细沟，海拔2340m，2019年9月26日，景雪梅436；桥头保护站细沟，海拔2340m，2019年9月26日，景雪梅434。民乐保护站长沟，海拔2200m，2020年8月12日，张国晴104。

白鳞马勃

Lycoperdon niveum Kreisel 1969

分类地位 伞菌纲Agaricomycetes/伞菌目Agaricales/马勃科Lycoperdaceae

形态特征 担子果小至中型，梨形或陀螺形，高5~7cm，宽4~6cm。包被表面覆较厚的白色块状或斑状鳞片，后期鳞片脱落而光滑，初期白色，后略带黄褐色，不育基部较发达。孢体内白色，成熟后渐变为黄褐色至暗褐色。担孢子近球形，（4.5~5.5）μm×（4~5）μm，褐色，具细小疣突。

生 境 夏秋季单生或群生于林中草地上。

引证标本 竹林沟，海拔2550m，2020年8月11日，冶晓燕920。大吐鲁沟，海拔2400m，2020年8月10日，张国晴57。桥头保护站小杏儿沟，海拔2400m，2020年10月6日，冶晓燕1055。

讨 论 可药用，孢子粉可用于止血。

网纹马勃
Lycoperdon perlatum Pers. 1796

分类地位 伞菌纲Agaricomycetes/伞菌目Agaricales/马勃科Lycoperdaceae

形态特征 担子果小至中型，倒卵形至陀螺形，高3～8cm，宽2～6cm，不孕基部发达或伸长如柄。外包被初期近白色，后变灰黄色至黄色，密覆小疣，间有较大易脱落的刺，刺脱落后呈现淡色的斑点。孢体内青黄色，后变为褐色，有时稍带紫色。担孢子球形，（4～5）μm×（3.5～4）μm，淡黄色，具微细小疣。

生　境 秋季于林中地上群生，或丛生于腐木上。

引证标本 淌沟保护站棚子沟，海拔2050m，2019年9月28日，冶晓燕631；淌沟保护站棚子沟，海拔2050m，2019年9月28日，景雪梅553。竹林沟，海拔2430m，2019年9月27日，刘金喜690；竹林沟，海拔2430m，2019年9月27日，刘金喜658；竹林沟，海拔2430m，2019年9月27日，刘金喜664。吐鲁坪，海拔2850m，2019年8月3日，冶晓燕127；吐鲁坪，海拔2850m，2019年8月3日，冶晓燕134。大吐鲁沟，海拔2400m，2020年10月3日，杜璠95。

讨　论 子实体有消肿、止血、解毒作用；幼时可食用。

肉色黄丽蘑

Calocybe carnea (Bull.) Donk 1962

分类地位 伞菌纲Agaricomycetes/伞菌目Agaricales/离褶伞科Lyophyllaceae

形态特征 担子果小至中型。菌盖直径3～7cm，半球形至扁半球形或扁平；表面浅土黄色至浅柿黄色，干燥时变灰褐色，平滑。菌肉白色，稍厚，微有水果香气。菌褶直生至弯生，不等长，密，乳白色，褶缘有时波状。菌柄圆柱形，长3～8cm，粗0.5～1.3cm，有时基部变细；表面白色或乳黄色，粗糙，内部松软。担孢子椭圆形，（4.5～6）μm×（2.5～3.5）μm，无色，光滑。

生　境 夏秋季于林地或草地上群生、单生或形成蘑菇圈。

引证标本 大吐鲁沟，海拔2400m，2018年7月16日，朱学泰2387。竹林沟，海拔2450m，2018年7月14日，朱学泰2342；竹林沟，海拔2450m，2018年7月14日，朱学泰2369。

香杏丽蘑

Calocybe gambosa (Fr.) Donk 1962

分类地位 伞菌纲Agaricomycetes/伞菌目Agaricales/离褶伞科Lyophyllaceae

形态特征 担子果中至大型。菌盖直径5~12cm，半球形至平展，边缘内卷；表面光滑，污白色或淡土黄色，有时淡土红色。菌肉白色，肥厚。菌褶弯生，稠密，不等长，白色或稍带土褐色。菌柄近圆柱形或棒状，粗壮，长3.5~10cm，粗1.5~3.5cm，白色，或稍带黄色，具纵条纹，内实。担孢子椭圆形，（5~6.2）μm×（3~4）μm，无色，光滑。

生　境 夏秋季在草地上群生、丛生或形成蘑菇圈。

引证标本 吐鲁坪，海拔2950m，2019年8月3日，朱学泰3255；吐鲁坪，海拔2950m，2019年8月3日，冶晓燕129；吐鲁坪，海拔2950m，2019年8月3日，刘金喜195。竹林沟，海拔2500m，2020年8月11日，张国晴79。桥头保护站小杏儿沟，海拔2400m，2020年8月9日，冶晓燕848。淌沟保护站棚子沟，海拔1980m，2019年9月28日，冶晓燕630。

白褐丽蘑

Calocybe gangraenosa (Fr.) V. Hofst., Moncalvo, Redhead & Vilgalys 2012

别　名　白褐离褶伞

分类地位　伞菌纲Agaricomycetes/伞菌目Agaricales/离褶伞科Lyophyllaceae

形态特征　担子果小至中型。菌盖直径3～8cm，初期近锥形至扁半球形，后渐近扁平，中部稍凸起；表面平滑，常覆放射状细绒毛，污白色至灰褐色，幼时边缘内卷。菌肉较厚，污白色，伤后变暗褐色，松软，具菌香气味。菌褶直生至弯生，密，不等长，幼时污白色，后期灰褐色至褐色，伤后变暗褐色。菌柄近圆柱形，长5～8cm，粗0.5～1cm，基部常稍膨大，表面污白色至灰白色，具褐色长条纹或纤毛，中实。担孢子长椭圆形，（5.5～8）μm×（3～4.5）μm，无色，具小疣。

生　境　夏末至秋季单生或丛生于阔叶林或针阔混交林地上。

引证标本　大吐鲁沟，海拔2400m，2020年10月3日，朱学泰4160；大吐鲁沟，海拔2400m，2020年10月3日，杜璠92。桥头保护站小杏儿沟，海拔2400m，2019年9月25日，景雪梅402；桥头保护站小杏儿沟，海拔2400m，2019年9月25日，刘金喜597。竹林沟，海拔2450m，2019年9月27日，冶晓燕580；竹林沟，海拔2450m，2019年9月27日，冶晓燕595；竹林沟，海拔2450m，2019年9月27日，刘金喜661；竹林沟，海拔2450m，2019年9月27日，刘金喜670；竹林沟，海拔2450m，2019年9月27日，刘金喜692；竹林沟，海拔2450m，2019年9月27日，刘金喜699；竹林沟，海拔2450m，2019年9月27日，刘金喜709；竹林沟，海拔2450m，2019年9月27日，刘金喜710。大有保护站，海拔2680m，2020年10月4日，张国晴192。

讨　论　据记载有毒，不宜食用。

暗色丽蘑

Calocybe obscurissima (A. Pearson) M. M. Moser 1967

分类地位 伞菌纲Agaricomycetes/伞菌目Agaricales/离褶伞科Lyophyllaceae

形态特征 担子果小至中型。菌盖直径3~6cm，半球形至扁半球形，边缘稍内卷；表面光滑，灰褐色至铅灰色。菌肉白色，较厚。菌褶直生至弯生，稠密，不等长，白色，成熟后稍带橄榄色调。菌柄近圆柱形，粗壮，长4~10cm，粗0.5~1.2cm，污白色，或稍带黄色，具纵条纹，内实。担孢子椭圆形，（5~8）μm×（3~4）μm，无色，光滑。

生　境 夏秋季单生或散生于林中苔藓上。

引证标本 竹林沟，海拔2480m，2019年9月27日，景雪梅510；竹林沟，海拔2480m，2019年9月27日，景雪梅511；竹林沟，海拔2480m，2019年9月27日，景雪梅526。桥头保护站细沟，海拔2340m，2019年9月26日，景雪梅429；桥头保护站细沟，海拔2340m，2019年9月26日，冶晓燕537；桥头保护站细沟，海拔2340m，2019年9月26日，刘金喜630；桥头保护站细沟，海拔2340m，2019年9月26日，刘金喜618。淌沟保护站棚子沟，海拔2050m，2019年9月28日，刘金喜748。大有保护站，海拔2700m，2020年10月4日，冶晓燕1032。大吐鲁沟，海拔2400m，2020年10月3日，张国晴174。

斑玉蕈

Hypsizygus marmoreus (Peck) H. E. Bigelow 1976

别　名　蟹味菇、海鲜菇、真姬菇、玉蕈菌

分类地位　伞菌纲Agaricomycetes/伞菌目Agaricales/离褶伞科Lyophyllaceae

形态特征　担子果小型。菌盖直径2~5cm，幼时扁半球形，后稍平展，中部稍突起；表面污白色、浅灰白色或黄色，平滑，常水浸状；中央有浅褐色隐斑纹，似大理石花纹。菌肉较厚，白色，有海鲜气味。菌褶近直生，密，不等长，污白色。菌柄圆柱形，细长，常弯曲，长3~10cm，粗0.5~1cm，表面白色，平滑或有纵纹，中实。担孢子宽椭圆形或近球形，（4~5.5）μm×（3.5~4.5）μm，光滑，无色。

生　境　夏末至秋季丛生于阔叶树枯木及倒腐木上。

引证标本　小吐鲁沟，海拔2720m，2020年8月10日，朱学泰3989。大吐鲁沟，海拔2400m，2020年10月3日，朱学泰4150。

讨　论　优良食用菌，已实现人工栽培。

烟熏褐离褶伞

Lyophyllum infumatum (Bres.) Kühner 1938

分类地位 伞菌纲Agaricomycetes/伞菌目Agaricales/离褶伞科Lyophyllaceae

形态特征 担子果小至中型。菌盖直径4~8cm，扁半球形至扁平，中部稍凸；表面烟灰色至烟褐色，边缘色较浅，稍内卷。菌肉较薄，白色至灰白色。菌褶直生至稍弯生，稍稀，不等长，污白色，成熟后变灰白色。菌柄近圆柱形，长4~6cm，粗0.8~1.5cm，基部稍膨大，污白色，表面有纵条纹，中实。担孢子椭圆形，（8.5~11.5）μm×（5~6.5）μm，光滑，无色。

生　境 夏秋季单生或群生于针阔交林地上。

引证标本 竹林沟，海拔2500m，2018年7月14日，朱学泰2348；竹林沟，海拔2500m，2018年7月14日，朱学泰2349。

斯氏灰盖伞
Tephrocybe striipilea (Fr.) Donk 1962

别　名　斯氏灰顶伞

分类地位　伞菌纲Agaricomycetes/伞菌目Agaricales/离褶伞科Lyophyllaceae

形态特征　担子果很小。菌盖直径2~3.5cm，初扁半球形至扁平形，后中央凹陷，呈杯状；表面光滑，灰褐色至黄褐色，盖缘有时具辐射状棱纹。菌肉污白色，薄。菌褶延生，较稀疏，不等长，白色至污白色。菌柄近圆柱形，常向下渐粗，长3~5.5cm，粗0.2~0.4cm，与盖同色，具纵向条纹，覆污白色纤丝状鳞片。担孢子宽椭圆形至卵圆形，（4.5~6.5）μm×（3.5~4.5）μm，光滑，无色。

生　境　夏秋季单生或散生于林中地上。

引证标本　淌沟保护站棚子沟，海拔2050m，2019年9月28日，冶晓燕649；相同地点，2020年10月2日，朱学泰4113。竹林沟，海拔2450m，2019年9月27日，景雪梅513；竹林沟，海拔2450m，2019年9月27日，景雪梅528。淌沟保护站轱辘沟，海拔2080m，2019年8月4日，刘金喜212；淌沟保护站轱辘沟，海拔2080m，2019年8月4日，冶晓燕159。

大囊伞

Macrocystidia cucumis (Pers.) Joss. 1934

分类地位 伞菌纲Agaricomycetes/伞菌目Agaricales/大囊伞科Macrocystidiaceae

形态特征 担子果很小。菌盖直径2～3cm，扁半球形至扁平，中央有明显凸起，盖缘有辐射状棱纹；表面光滑，中部红褐色至暗褐色，边缘浅黄褐色。菌肉很薄，淡黄色，具有黄瓜清新气味。菌褶弯生，较密，不等长，白色至米色。菌柄圆柱形，长2～4cm，直径0.3～0.6cm，褐色至暗红褐色。担孢子椭圆形至长椭圆形，（8～10）μm×（4～5）μm，光滑，无色。

生　境 夏秋季生于林中地上。

引证标本 淌沟保护站棚子沟，海拔2010m，2019年9月28日，冶晓燕643。

毛柄毛皮伞

Crinipellis setipes (Peck) Singer 1943

分类地位 伞菌纲Agaricomycetes/伞菌目Agaricales/小皮伞科Marasmiaceae

形态特征 担子果很小。菌盖直径0.5~1.5cm，扁平形至近平展，中部稍凹，中心具有一个小隆起，边缘具辐射状棱纹；表面辐射状微纤毛，浅黄褐色至暗褐色，中央色深。菌肉很薄，污白色。菌褶离生至弯生，稍稀疏，白色。菌柄纤细，长2~12cm，直径0.05~0.2cm，表面灰褐色至红褐色，覆灰白色微纤毛。担孢子椭圆形，（8~10）μm×（3~4.5）μm，光滑，无色。

生　境 夏秋季生于云杉林中腐殖质上。

引证标本 民乐保护站长沟，海拔2200m，2020年8月12日，朱学泰4062。

硬柄小皮伞近似种

Marasmius aff. *oreades* (Bolton) Fr. 1836

分类地位 伞菌纲Agaricomycetes/伞菌目Agaricales/小皮伞科Marasmiaceae

形态特征 担子果小型。菌盖直径3～5cm，扁平球形至平展，中部常稍凸，边缘常具辐射状棱纹；表面光滑，肉色至深土黄色，中心色深。菌肉近白色，薄。菌褶离生，较稀疏，不等长，白色，有时带粉褐色调。菌柄圆柱形，长4～6cm，粗0.2～0.4cm，光滑，与盖同色。担孢子纺锤形，（7～10）μm×（5～6）μm，光滑，无色。

生　境 夏秋季群生于林中腐殖质上或草地上，可形成蘑菇圈。

引证标本 竹林沟，海拔2500m，2019年9月27日，景雪梅503。大吐鲁沟，海拔2400m，2020年8月10日，杜璠45；大吐鲁沟，海拔2400m，2020年10月3日，朱学泰4146。小吐鲁沟，海拔2720m，2020年8月10日，赵怡雪42；小吐鲁沟，海拔2720m，2020年8月10日，朱学泰3998。桥头保护站小杏儿沟，海拔2400m，2019年9月25日，刘金喜583；桥头保护站小杏儿沟，海拔2400m，2019年9月25日，刘金喜588。桥头保护站细沟，海拔2350m，2019年9月26日，景雪梅470；桥头保护站细沟，海拔2350m，2019年9月26日，刘金喜627；桥头保护站细沟，海拔2350m，2019年9月26日，刘金喜638；桥头保护站细沟，海拔2350m，2019年9月26日，刘金喜646；桥头保护站细沟，海拔2350m，2019年9月26日，刘金喜649。

讨　论 可食用；据记载可药用，可治疗腰腿疼痛、手足麻木、筋络不适。

干小皮伞

Marasmius siccus (Schwein.) Fr. 1838

分类地位　伞菌纲Agaricomycetes/伞菌目Agaricales/小皮伞科Marasmiaceae

形态特征　担子果很小。菌盖直径0.5~2cm，钟形、扁半球形至凸镜形，中央有脐凸，边缘具长沟纹；表面橙色、深肉桂色至褐黄色，中部色深。菌肉白色，很薄。菌褶弯生至离生，稀疏，白色。菌柄纤细，长2~7cm，粗0.05~0.1cm，角质，表面光滑，顶部白黄色，向下渐成暗褐色。担孢子近披针形，常弯曲，（16~21）μm×（3~4）μm，无色，光滑。

生　境　夏秋季群生或单生于阔叶林中落叶层上。

引证标本　民乐保护站长沟，海拔2200m，2020年8月12日，张国晴110；民乐保护站长沟，海拔2200m，2020年8月12日，冶晓燕934。小吐鲁沟，海拔2750m，2020年8月10日，冶晓燕885；小吐鲁沟，海拔2750m，2020年8月10日，赵怡雪30。

魏氏小皮伞

Marasmius wettsteinii Sacc. & P. Syd. 1899

分类地位 伞菌纲Agaricomycetes/伞菌目Agaricales/小皮伞科Marasmiaceae

形态特征 担子果很小。菌盖直径0.3~1cm，半球形至凸镜形，中央有脐凸，边缘具长沟纹；表面光滑，幼时白色至污白色，成熟后黄色、黄棕色至暗褐色。菌肉膜质，污白色，很薄。菌褶离生，在近菌柄处横联形成项圈，稀疏，污白色。菌柄纤细，长2~8cm，粗0.02~0.05cm，表面光滑，顶部具污白色黄毛，向下渐成暗褐色。担孢子长椭圆形至近柱形，（7.5~10）μm×（3.5~4.5）μm，无色，光滑。

生　境 夏秋季生于云杉林中腐殖质上。

引证标本 竹林沟，海拔2500m，2018年7月14日，朱学泰2343。

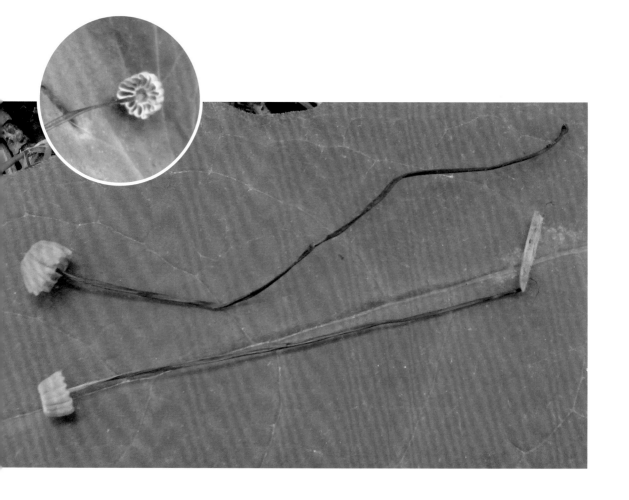

黄缘小菇

Mycena citrinomarginata Gillet 1876

分类地位 伞菌纲Agaricomycetes/伞菌目Agaricales/小菇科Mycenaceae

形态特征 担子果很小。菌盖直径0.5~2cm，锥形至近扁平形，边缘具辐射状沟纹；表面光滑，常水渍状，颜色多变，浅黄色、黄色、黄绿色、灰黄色至浅灰褐色，中央色较深。菌肉很薄，白色。菌褶弯生，较密，不等长，初期污白色，成熟后浅灰黄色，褶缘常桔青色至黄色。菌柄纤细，长4~6cm，粗0.2~0.5cm，中空，脆；表面覆微柔毛，污白色、浅黄色至浅褐色，近透明。担孢子长椭圆形至近圆柱形，（8~13）μm×（4.5~6.5）μm，无色，光滑。

生　境 夏秋季生于云杉林中腐殖质上。

引证标本 小吐鲁沟，海拔2720m，2019年8月2日，冶晓燕114。

棒柄小菇

Mycena clavicularis (Fr.) Gillet 1876

分类地位 伞菌纲Agaricomycetes/伞菌目Agaricales/小菇科Mycenaceae

形态特征 担子果很小。菌盖直径0.5～3cm，幼时钟形至半球形，后渐平展，中央具乳突，边缘具辐射状沟槽；表面光滑，中央淡褐色至浅灰褐色，边缘污白色。菌肉白色，很薄，易碎。菌褶弯生至稍延生，较稀疏，不等长，污白色。菌柄圆柱形，纤细，长2.6～5.2cm，粗0.1～0.2cm，中空，脆骨质，上部白色至污白色，下部淡褐色，表面光滑，基部具污白色菌丝体。担孢子椭圆形至长椭圆形，（6～8）μm×（4～5）μm，无色，光滑。

生　境 夏秋季单生或散生于针叶林腐木或腐殖质上。

引证标本 竹林沟，海拔2500m，2020年8月11日，赵怡雪57；竹林沟，海拔2500m，2020年8月11日，朱学泰4014。大吐鲁沟，海拔2350m，2018年7月16日，朱学泰2381。民乐保护站长沟，海拔2200m，2020年8月12日，冶晓燕931；民乐保护站长沟，海拔2200m，2020年8月12日，朱学泰4063。小吐鲁沟，海拔2730m，2020年8月10日，朱学泰3967。

盔盖小菇

Mycena galericulata (Scop.) Gray 1821

分类地位 伞菌纲Agaricomycetes/伞菌目Agaricales/小菇科Mycenaceae

形态特征 担子果小型。菌盖直径2～4cm，初期钟形至盔帽状，后渐趋扁平，边缘稍伸展或反卷；表面灰黄色至浅灰褐色，干燥，常皱缩，具辐射状细条棱。菌肉白色至污白色，较薄。菌褶直生至稍延生，较密，不等长，褶间有横脉，初期污白色，后浅灰黄色或带粉色调。菌柄，圆柱形，细长，长8～12cm，粗0.2～0.5cm，中空，脆，表面光滑，污白色至浅褐色。担孢子椭圆形至近卵形，（7～11.5）μm×（6.5～8）μm，无色，光滑。

生　境 夏秋季单生、散生或群生于腐枝落叶层或腐朽的树木基部。

引证标本 窑洞沟，海拔2020m，2020年8月9日，张国晴27；窑洞沟，海拔2020m，2020年8月9日，赵怡雪10；窑洞沟，海拔2020m，2020年8月9日，朱学泰3947。竹林沟，海拔2500m，2020年8月11日，杜璠60；竹林沟，海拔2500m，2020年8月11日，杜璠61。小吐鲁沟，海拔2720m，2020年8月10日，朱学泰3979。

红汁小菇

Mycena haematopus (Pers.) P. Kumm. 1871

分类地位 伞菌纲Agaricomycetes/伞菌目Agaricales/小菇科Mycenaceae

形态特征 担子果很小。菌盖直径1~2.5cm，钟形至斗笠形；表面灰红褐色，具放射状长条纹，幼时色深，后变稍浅，光滑，常水浸状，盖缘常开裂成齿状；受伤时渗出红色汁液。菌肉同盖色，薄。菌褶直生至稍延生，较稀疏，初污白色带粉色调，后变粉红色或灰黄色。菌柄圆柱形，细长，长5~8cm，粗0.2~0.5cm，同盖色，初期覆粉末状小鳞片，后变光滑，受伤处渗出血红色汁液，中空，脆；基部菌丝灰白色。担孢子宽椭圆形至近卵形，（7.5~8.5）μm×（5~6.5）μm，无色，光滑。

生　境 夏秋季散生、群生或丛生于林中腐枝落叶层或腐木上。

引证标本 大吐鲁沟，海拔2400m，2018年7月16日，朱学泰2383。竹林沟，海拔2500m，2019年9月27日，冶晓燕612。小岗子沟，海拔2420m，2019年8月1日，冶晓燕97。

臭小菇

Mycena olida Bres. 1887

分类地位 伞菌纲Agaricomycetes/伞菌目Agaricales/小菇科Mycenaceae

形态特征 担子果很小。菌盖直径0.5～1.5cm，钟形至斗笠形，成熟后渐平展，中央具乳突，边缘具沟槽；表面常水渍状，白色至象牙白色，成熟后变浅黄褐色。菌肉同盖色，薄。菌褶弯生至近离生，较稀疏，白色。菌柄圆柱形，细长，长1.5～5cm，粗0.05～0.2cm，初期覆微柔毛，后变光滑，白色、浅黄色至浅黄褐色，中空，脆；基部菌丝灰白色。担孢子宽椭圆形，（6.5～9.5）μm×（4.5～6.5）μm，无色，光滑。

生境 夏秋季散生或群生于林中苔藓上。

引证标本 竹林沟，海拔2500m，2020年8月11日，朱学泰4002；竹林沟，海拔2500m，2020年8月11日，冶晓燕911。窑洞沟，海拔2100m，2020年8月9日，张国晴29。

讨论 虽然叫臭小菇，但并无明显气味。目前有学者将其更名为*Phloeomana minutula* (Sacc.) Redhead 2016，但尚未被广泛接受。

洁小菇

Mycena pura (Pers.) P. Kumm. 1871

分类地位 伞菌纲Agaricomycetes/伞菌目Agaricales/小菇科Mycenaceae

形态特征 担子果小型。菌盖直径2～4cm，扁半球形，后渐平展；表面湿润时淡紫色、淡紫红色至丁香紫色，干时污白色带紫色调，盖缘具辐射状条纹。菌肉淡紫色，薄。菌褶直生至近弯生，较密，不等长，褶间常具横脉，淡紫色。菌柄圆柱形，长3～5cm，粗0.3～0.7cm，与菌盖同色或色稍浅，光滑，中空；基部菌丝污白色。担孢子椭圆形，（6～8）μm×（3.5～4.5）μm，无色，光滑。

生　境 夏秋季丛生、群生或单生于林中地上或腐木上。

引证标本 大吐鲁沟，海拔2400m，2020年10月3日，杜璠86。桥头保护站小杏儿沟，海拔2400m，2019年9月25日，刘金喜575；桥头保护站小杏儿沟，海拔2160m，2020年10月6日，冶晓燕1054。竹林沟，海拔2550m，2019年9月27日，刘金喜715；竹林沟，海拔2550m，2020年8月11日，冶晓燕907；竹林沟，海拔2550m，2020年8月11日，冶晓燕929。桥头保护站细沟，海拔2350m，2019年9月26日，冶晓燕553。小吐鲁沟，海拔2720m，2020年8月10日，冶晓燕888。民乐保护站长沟，海拔2200m，2020年8月12日，冶晓燕932；民乐保护站长沟，海拔2200m，2020年8月12日，张国晴108；民乐保护站长沟，海拔2200m，2020年8月12日，张国晴112。窑洞沟，海拔2010m，2020年8月9日，赵怡雪9。

讨　论 形态和颜色随环境湿度及自身成熟度变化而呈现较大的差异。

基盘小菇

Mycena stylobates (Pers.) P. Kumm. 1871

分类地位 伞菌纲Agaricomycetes/伞菌目Agaricales/小菇科Mycenaceae

形态特征 担子果很小。菌盖直径0.5～1.2cm，圆锥形至凸镜形，成熟后平展，具有半透明深沟状条纹；表面黏，灰白色，中部色稍深，有白粉末状鳞片。菌肉薄，白色或半透明状。菌褶弯生至离生，较稀，不等长，污白色。菌柄圆柱形，纤细，长3～3.5cm，粗0.02～0.03cm，白色或近透明状；基部具白纤毛，呈圆盘状。担孢子长椭圆形，（7.5～9.5）μm×（3.5～4.5）μm，光滑，无色。

生 境 夏秋季常见于松树腐木上、枯松针、球果上或枯草上。

引证标本 窑洞沟，海拔2050m，2020年8月9日，朱学泰3934。小吐鲁沟，海拔2730m，2020年8月10日，冶晓燕878。

美味扇菇

Sarcomyxa edulis (Y. C. Dai, Niemelä & G. F. Qin) T. Saito, Tonouchi & T. Harada 2014

分类地位 伞菌纲Agaricomycetes/伞菌目Agaricales/小菇科Mycenaceae

形态特征 担子果中至大型。菌盖直径6～12cm，扇形、肾形或半球形，盖缘初期内卷；表面常黏，覆细绒毛，黄色、黄绿色至褐色。菌肉较厚，白色。菌褶延生，很密，白色至淡黄色。菌柄侧生，短而粗壮，长1～2cm，粗1～3cm，被污白色绒毛，污白色至淡黄绿色。担孢子腊肠形至圆柱形，（4.5～6）μm×（1～1.5）μm，光滑，无色。

生　境 秋季丛生或覆瓦状叠生于阔叶林腐木上。

引证标本 竹林沟，海拔2550m，2020年10月5日，朱学泰4209；竹林沟，海拔2550m，2020年10月5日，张国晴201。

黄干脐菇近似种

Xeromphalina aff. *campanella* (Batsch) Kühner & Maire 1934

分类地位 伞菌纲Agaricomycetes/伞菌目Agaricales/小菇科Mycenaceae

形态特征 担子果很小。菌盖直径1~2.5cm，幼时凸镜形，后渐平展，中部下凹成脐状，有时边缘反卷呈漏斗状；表面光滑，橙黄色至橘黄色，边缘具明显的条纹。菌肉很薄，黄色。菌褶延生，较稀疏，有横脉，黄白色至污黄色。菌柄圆柱形，长2~5cm，粗0.2~0.3cm，顶部稍粗，浅黄色，下部暗褐色至黑褐色，基部菌丝黄褐色，内部松软至空心。担孢子椭圆形，(5.5~7.5) μm×(2~3.5) μm，光滑，无色。

生　　境 夏秋季群生于林中腐殖质上。

引证标本 淌沟保护站棚子沟，海拔2050m，2020年10月2日，朱学泰4119。

褐柄干脐菇

Xeromphalina cauticinalis (Fr.) Kühner & Maire 1934

分类地位 伞菌纲Agaricomycetes/伞菌目Agaricales/小菇科 Mycenaceae

形态特征 担子果很小。菌盖直径1～2.5cm，幼时凸镜形，后渐平展，中部下凹成脐状，边缘具辐射状棱纹或皱褶，有时边缘反卷呈漏斗状；表面光滑，橙褐色至黄褐色，中部颜色较深。菌肉很薄，黄色。菌褶延生，较稀疏，有横脉，浅黄色至浅黄褐色。菌柄圆柱形，长2～8cm，粗0.1～0.2cm，基部稍膨大，顶部浅黄色，中下部红褐色至暗褐色，基部菌丝锈褐色。担孢子椭圆形，（4～7）μm×（2.5～3.5）μm，光滑，无色。

生　境 夏秋季单生、散生或群生于针叶林枯枝落叶层或腐木上。

引证标本 桥头保护站小杏儿沟，海拔2390m，2019年9月25日，冶晓燕527。桥头保护站细沟，海拔2350m，2019年9月26日，冶晓燕556。

绒柄裸脚伞

Gymnopus confluens (Pers.) Antonín, Halling & Noordel. 1997

分类地位 伞菌纲Agaricomycetes/伞菌目Agaricales/类脐菇科Omphalotaceae

形态特征 担子果小型。菌盖直径1.5~4cm，幼时钟形，后变凸镜形至平展，中部稍突起；表面淡褐色至淡红褐色，具放射状条纹。菌肉淡褐色，薄。菌褶弯生至离生，稠密，窄，不等长，浅灰褐色至米黄色。菌柄近圆柱形，长4~8.5cm，粗0.3~0.6cm，淡红褐色，向基部颜色渐深，密覆白色细绒毛。担孢子椭圆形，（5.5~8.5）μm×（3~4.5）μm，光滑，无色。

生　境 夏秋季群生于林中腐殖质上。

引证标本 大吐鲁沟，海拔2500m，2018年7月16日，朱学泰2385；大吐鲁沟，海拔2500m，2019年8月2日，朱学泰3234；大吐鲁沟，海拔2500m，2020年8月10日，张国晴36；大吐鲁沟，海拔2500m，2020年8月10日，张国晴52。小吐鲁沟，海拔2730m，2020年8月10日，冶晓燕877；小吐鲁沟，海拔2730m，2020年8月10日，赵怡雪22。民乐保护站长沟，海拔2300m，2020年8月12日，张国晴109。吐鲁坪，海拔2850m，2019年8月2日，刘金喜164；吐鲁坪，海拔2850m，2019年8月2日，刘金喜174；吐鲁坪，海拔2850m，2019年8月2日，冶晓燕126。桥头保护站细沟，海拔2340m，2019年9月26日，刘金喜651。小岗子沟，海拔2420m，2019年8月1日，刘金喜132；小岗子沟，海拔2420m，2019年8月1日，刘金喜133；小岗子沟，海拔2420m，2019年8月1日，刘金喜130；小岗子沟，海拔2420m，2019年8月1日，冶晓燕96；小岗子沟，海拔2420m，2019年8月1日，朱学泰3192。竹林沟，海拔2500m，2018年7月14日，朱学泰2356；竹林沟，海拔2500m，2020年8月11日，冶晓燕927。

讨　论 据记载可食。

稠褶裸脚伞

Gymnopus densilamellatus Antonín, Ryoo & Ka 2016

分类地位 伞菌纲Agaricomycetes/伞菌目Agaricales/类脐菇科Omphalotaceae

形态特征 担子果小型。菌盖直径3～4cm，幼时钟形，后变凸镜形至平展，中部稍钝突；表面幼时红褐色至橙褐色，成熟后褪色，中央褐色，周围污白色。菌肉污白色，薄，具腐烂萝卜气味。菌褶弯生至离生，稠密，窄，不等长，白色至污白色。菌柄近圆柱形，长3～19cm，粗0.2～0.4cm，常扭曲状，覆淡褐色细绒毛。担孢子椭圆形，（4.5～8）μm×（2.5～4）μm，光滑，无色。

生 境 夏秋季群生或散生于针叶林或针阔混交林中腐殖质层上。

引证标本 大吐鲁沟，海拔2400m，2018年7月16日，朱学泰2386；大吐鲁沟，海拔2400m，2020年8月10日，杜璠46；大吐鲁沟，海拔2400m，2020年8月10日，张国晴53。小吐鲁沟，海拔2720m，2020年8月10日，朱学泰3997；小吐鲁沟，海拔2720m，2020年8月10日，冶晓燕870。

讨 论 中国新记录种，其种加词*densi*-和*lamellatus*指稠密排列的菌褶，为区别于我国已报道的密褶裸脚伞*Gymnopus polyphyllus* (Peck) Halling，故将其汉语名称拟为"稠褶裸脚伞"。

近裸裸脚伞

Gymnopus subnudus (Ellis ex Peck) Halling 1997

分类地位 伞菌纲Agaricomycetes/伞菌目Agaricales/类脐菇科Omphalotaceae

形态特征 担子果很小或小型。菌盖直径1.5~4.5cm，钟形至凸镜形，中央具乳突，边缘内卷，不具有明显的条纹或沟纹；表面光滑，浅橙褐色至土黄色或灰色。菌肉很薄，白色。菌褶直生，较密，污白色至浅土黄色；菌柄圆柱形，长3~6cm，粗0.2~0.5cm，常扭曲状，污白色，有时具橙色调，表面光滑。担孢子椭圆形，（7~9）μm×（2.5~3.5）μm，光滑，无色。

生　境 夏秋季群生于林中落叶层上。

引证标本 竹林沟，海拔2500m，2020年8月11日，朱学泰4017；竹林沟，海拔2500m，2020年8月11日，冶晓燕906；竹林沟，海拔2500m，2020年8月11日，杜璠56；竹林沟，海拔2500m，2020年8月11日，张国晴88。民乐保护站长沟，海拔2200m，2020年8月12日，杜璠75；民乐保护站长沟，海拔2200m，2020年8月12日，赵怡雪74；民乐保护站长沟，海拔2200m，2020年8月12日，赵怡雪75。小吐鲁沟，海拔2720m，2019年8月2日，刘金喜151；小吐鲁沟，海拔2720m，2019年8月2日，刘金喜160。桥头保护站小杏儿沟，海拔2400m，2020年8月9日，冶晓燕847。窑洞沟，海拔2000m，2020年8月9日，朱学泰3940；窑洞沟，海拔2000m，2020年8月9日，张国晴16；窑洞沟，海拔2000m，2020年8月9日，赵怡雪6。小岗子沟，海拔2420m，2019年8月1日，朱学泰3212。

粗柄蜜环菌近似种
Armillaria aff. *cepistipes* Velen. 1920

分类地位 伞菌纲Agaricomycetes/伞菌目Agaricales/膨瑚菌科Physalacriaceae

形态特征 担子果中至大型，菌盖直径4~15cm，扁半球形至扁平；表面浅黄褐色至红褐色，中央色深，幼时具暗褐色鳞片，成熟后具小纤毛或变光滑，湿时水渍状。菌肉较厚，污白色。菌褶直生至稍延生，不等长，较密，污白色，过成熟后具褐色斑块。菌柄近圆柱形，长5~12cm，粗0.5~1.5cm，基部膨大，上部污白色，中下部色深，覆白色或浅黄色鳞片。菌环上位，丝膜状，污白色至浅黄色，易脱落。担孢子宽椭圆形，（7~9.5）μm×（5~6.5）μm，无色。

生 境 夏秋季群生于腐木上。

引证标本 大吐鲁沟，海拔2380m，2018年8月2日，朱学泰3246。淌沟保护站棚子沟，海拔2000m，2019年9月28日，冶晓燕632。淌沟保护站轱辘沟，海拔2220m，2019年8月4日，朱学泰3296。吐鲁坪，海拔2900m，2019年8月3日，冶晓燕150。桥头保护站细沟，海拔2340m，2019年9月26日，冶晓燕574。桥头保护站小杏儿沟，海拔2400m，2019年9月25日，冶晓燕522。竹林沟，海拔2500m，2019年9月27日，冶晓燕613。

讨 论 曾在中国蜜环菌系统分类学相关研究中被识别，被标记为*Armillaria* sp.4（Guo et al., 2016），但目前尚未被正式发表。

平滑柱担菌

Cylindrobasidium laeve (Pers.) Chamuris 1984

分类地位 伞菌纲Agaricomycetes/伞菌目Agaricales/膨瑚菌科Physalacriaceae

形态特征 子实体形态多变，平伏状至形成很小的侧耳状担子果。菌盖半圆形至扇形，宽1~2cm，外伸0.5~1cm，边缘皱褶成波浪状；中部污粉褐色，近边缘白色。菌肉很薄，污白色。子实层呈粗糙海绵状，污白色至污粉褐色。担孢子卵圆形，（8~12）μm×（5~7）μm，无色，光滑。

生 境 夏秋季丛生于林中腐木上。

引证标本 小岗子沟，海拔2410m，2019年8月1日，朱学泰3203。

杨树冬菇
Flammulina populicola Redhead & R. H. Petersen 1999

<u>分类地位</u> 伞菌纲Agaricomycetes/伞菌目Agaricales/膨瑚菌科Physalacriaceae

<u>形态特征</u> 担子果小至中型。菌盖直径1～7cm，扁半球形，后渐平展至凸镜形；表面光滑，湿时很黏，橙褐色至浅黄褐色。菌肉薄，白色。菌褶直生，不等长，密，白色至浅黄色。菌柄近圆柱形，长3～10cm，粗0.3～0.5cm，基部稍膨大，幼时浅黄褐色至橙褐色，成熟后覆锈褐色至暗褐色微绒毛。担孢子椭圆形，（6～7.5）μm×（4.5～5.5）μm，无色，光滑。

<u>生　境</u> 夏秋季群生或丛生于腐木上。

<u>引证标本</u> 大吐鲁沟，海拔2350m，2020年10月3日，朱学泰4157；大吐鲁沟，海拔2350m，2020年10月3日，朱学泰4163。竹林沟，海拔2500m，2020年10月5日，朱学泰4201；竹林沟，海拔2500m，2020年10月5日，张国晴207。桥头保护站小杏儿沟，海拔2380m，2019年9月25日，冶晓燕533；桥头保护站小杏儿沟，海拔2380m，2020年10月6日，张国晴228；桥头保护站小杏儿沟，海拔2380m，2020年10月6日，张国晴219。大有保护站，海拔2670m，2020年10月4日，冶晓燕1013。

<u>讨　论</u> 可食用，是金针菇的近缘物种。

本乡拟干蘑

Paraxerula hongoi (Dörfelt) R. H. Petersen 2010

分类地位 伞菌纲Agaricomycetes/伞菌目Agaricales/膨瑚菌科Physalacriaceae

形态特征 担子果小型。菌盖直径1～6cm，扁半球形至平展，中央稍钝突，边缘干后常反卷；表面灰褐色，覆灰白色细绒毛。菌肉薄，白色。菌褶离生，不等长，密，白色至浅黄色。菌柄近圆柱形，长7～10cm，粗0.3～0.8cm，基部稍膨大，顶部白色，中下部棕色至亮棕色，覆灰白色细绒毛。担孢子椭圆形，（8.5～10）μm×（7～8）μm，无色，光滑。

生　境 夏秋季群生或丛生于林中地上。

引证标本 吐鲁坪，海拔2900m，2019年8月3日，朱学泰3260。

黑亚侧耳

Hohenbuehelia nigra (Schwein.) Singer 1951

分类地位 伞菌纲Agaricomycetes/伞菌目Agaricales/侧耳科Pleurotaceae

形态特征 担子果很小。菌盖直径1~3cm，半圆形、贝壳形或扇形，一侧贴生于基物上，无柄；菌盖表面覆棕色粗绒毛，边缘光滑无毛，黑色。菌肉薄，深棕色至近黑色，凝胶状，干后硬。菌褶从着生点辐射状发出，有小菌褶，较密，窄而厚，灰黑色。担孢子椭圆形，(6~8.5)μm×(3.5~4.5)μm，无色，光滑。

生　　境 夏秋季群生于落叶树枯木上。

引证标本 竹林沟，海拔2550m，2020年10月5日，朱学泰4203。

肺形侧耳

Pleurotus pulmonarius (Fr.) Quél. 1872

| 别　名 | 凤尾菇、肺形平菇、秀珍菇、印度鲍鱼菇

| 分类地位 | 伞菌纲Agaricomycetes/伞菌目Agaricales/侧耳科Pleurotaceae

| 形态特征 | 担子果小至大型。菌盖直径3~10cm，倒卵形至肾形或近扇形；表面白色、灰白色至灰黄色，光滑，盖缘平滑或稍呈波状。菌肉白色，靠近基部较厚。菌褶延生，稍密，不等长，白色。菌柄很短近于无，侧生，近光滑，白色，内部实心至松软；基部菌丝白色。担孢子长椭圆形至近圆柱形，（7.5~10.5）μm×（3~5）μm，光滑，无色。

| 生　境 | 夏秋季生于阔叶林中的枯木或树桩上。

| 引证标本 | 小岗子沟，海拔2420m，2019年8月1日，刘金喜143。桥头保护站小杏儿沟，海拔2400m，2020年8月9日，冶晓燕859。小吐鲁沟，海拔2720m，2020年8月10日，冶晓燕891；小吐鲁沟，海拔2720m，2020年8月10日，朱学泰3983；小吐鲁沟，海拔2720m，2020年8月10日，朱学泰3986；小吐鲁沟，海拔2720m，2019年8月2日，朱学泰3236。大吐鲁沟，海拔2400m，2020年10月3日，朱学泰4153。

| 讨　论 | 食用菌，已实现人工栽培。

褐顶光柄菇

Pluteus brunneidiscus Murrill 1917

分类地位 伞菌纲Agaricomycetes/伞菌目Agaricales/光柄菇科Pluteaceae

形态特征 担子果小型。菌盖直径3~5cm，初半球形，厚渐伸展成凸镜形，中央稍钝突；表面光滑，或具辐射状排列的微纤毛，皱，浅褐色至黄褐色，中央色较深。菌肉白色，较薄。菌褶离生，密，不等长，初白色，后变淡粉红色。菌柄近圆柱形，长3~6cm，粗0.4~0.5cm，基部稍膨大，污白色至浅褐色，中实，基部菌丝白色。担孢子椭圆形至宽椭圆形，（5~7.5）μm×（4.5~5.5）μm，无色至稍具粉色调，光滑。

生　境 夏秋季单生或散生于林中苔藓上。

引证标本 淌沟站棚子沟，海拔2010m，2020年10月2日，朱学泰4100；淌沟站棚子沟，海拔2010m，2020年10月2日，朱学泰4107。

罗氏光柄菇

Pluteus romellii (Britzelm.) Sacc. 1895

分类地位 伞菌纲Agaricomycetes/伞菌目Agaricales/光柄菇科Pluteaceae

形态特征 担子果小至中型。菌盖直径2~7cm，凸镜形至平展，盖缘常波浪状，开裂；表面深棕色、棕色至黄褐色，皱，或具脉络状突起。菌肉白色，较薄，伤不变色，无异味。菌褶离生，较密，初浅黄色，后具粉色调，不等长。菌柄长3~9cm，粗0.2~1cm，近圆柱形，黄色至黄褐色，光滑或覆黄色小纤毛，近基部覆白色绒毛。担孢子宽椭圆形至近球形，（5~7.5）μm×（5~6）μm，无色至稍具黄色调，光滑。

生　境 夏秋季生于阔叶林或针阔混交林中腐木上。

引证标本 淌沟保护站轱辘沟，海拔2210m，2019年8月4日，朱学泰3303。大吐鲁沟，海拔2450m，2020年10月3日，张国晴154。

白毛草菇

Volvariella hypopithys (Fr.) Shaffer 1957

分类地位 伞菌纲Agaricomycetes/伞菌目Agaricales/光柄菇科Pluteaceae

形态特征 担子果小型。菌盖直径2~4cm，初期钟形至半球形，展开后成凸镜形，中部常钝突；表面白色至污白色，覆辐射状长纤毛，形成明显或不明显条纹。菌肉较薄，白色至污白色。菌褶离生，稍密，不等长，白色、粉肉色至粉红色。菌柄圆柱形，长1~5cm，粗0.2~0.3cm，基部膨大；表面光滑，白色，内部实心至松软。菌托苞状至杯状，白色。担孢子椭圆形，（5.5~9）μm×（4~6.5）μm，光滑，浅粉红色。

生　境 夏秋季单生至散生于草地或林中地上。

引证标本 民乐保护站长沟，海拔2200m，2020年8月12日，朱学泰4069。大吐鲁沟，海拔2400m，2020年10月3日，张国晴163。

讨　论 食毒性记载有争议，慎食。

粘盖包脚菇

Volvopluteus gloiocephalus (DC.) Vizzini, Contu & Justo 2011

| 别　名 | 黏盖草菇 |

| 分类地位 | 伞菌纲Agaricomycetes/伞菌目Agaricales/光柄菇科Pluteaceae |

形态特征　担子果中至大型。菌盖直径6~13cm，初期钟形，后期渐平展，中部钝突；表面光滑，黏，粉灰褐色至藕粉色，中部钝突棕灰色，边缘具长条棱。菌肉薄，白色至污白色。菌褶离生，稍密，不等长，初期灰白色，后期渐变为浅肉桂色。菌柄圆柱形，长7~17cm，粗1~1.5cm，向基部渐膨大，白色或与菌盖同色，内部实心至松软。菌托白色、杯状。担孢子宽椭圆形至椭圆形，（10~14.5）μm×（7~8）μm，光滑，淡粉红色。

生　境　夏秋季单生或群生于草地或阔叶林中地上。

引证标本　淌沟保护站棚子沟，海拔2050m，2020年10月2日，朱学泰4094。

讨　论　食毒性不明，慎食。

路边小鬼伞

Coprinellus callinus (M. Lange & A. H. Sm.) Vilgalys, Hopple & Jacq. Johnson 2001

分类地位 伞菌纲Agaricomycetes/伞菌目Agaricales/小脆柄菇科Psathyrellaceae

形态特征 担子果很小。菌盖直径2～3.5cm，初期卵圆形至钟形，后平展；表面黄褐色、污红褐色至肉桂色，中央色深，边缘色浅，具辐射状长条纹。菌肉白色，很薄。菌褶离生，较稀，窄，不等长，初白色，后变黑色同时自溶。菌柄圆柱形，纤细，长5～10cm，粗0.1～0.3cm，基部稍膨大；表面光滑，白色至灰白色，中空，脆。担孢子宽椭圆形，（9～13）μm×（5.5～7.5）μm，光滑，黑褐色。

生　境 夏秋季常出现在有木屑的林中或林边小径上。

引证标本 竹林沟，海拔2550m，2019年9月27日，冶晓燕600。

晶粒小鬼伞

Coprinellus micaceus (Bull.) Vilgalys, Hopple & Jacq. Johnson 2001

别　名　晶粒鬼伞、狗尿苔

分类地位　伞菌纲Agaricomycetes/伞菌目Agaricales/小脆柄菇科Psathyrellaceae

形态特征　担子果很小。菌盖直径1～4cm，幼时卵圆形、钟形、半球形或斗笠形，过熟后可平展而反卷或瓣裂；表面污黄色至黄褐色，中部红褐色，具白色颗粒状晶体，边缘具棱纹。菌肉白色，很薄。菌褶离生，密，窄，不等长，初期黄白色，后变黑色并自溶为墨汁状。菌柄圆柱形，长2～7cm，粗0.3～0.5cm，白色，具丝光，中空。担孢子卵圆形至椭圆形，（7～10）μm×（5～5.5）μm，光滑，黑褐色。

生　境　春、夏、秋三季于阔叶林中树根附近地上丛生。

引证标本　淌沟保护站棚子沟，海拔2050m，2019年9月28日，冶晓燕633；淌沟保护站棚子沟，海拔2050m，2019年9月28日，景雪梅549。吐鲁坪，海拔2900m，2019年8月3日，刘金喜199；吐鲁坪，海拔2900m，2019年8月3日，冶晓燕152。桥头保护站细沟，海拔2340m，2019年9月26日，刘金喜623；桥头保护站细沟，海拔2340m，2019年9月26日，景雪梅438；桥头保护站细沟，海拔2340m，2019年9月26日，冶晓燕540。

讨　论　据记载幼嫩时可食，但不能与酒同食。

辐毛小鬼伞

Coprinellus radians (Desm.) Vilgalys, Hopple & Jacq. Johnson 2001

分类地位 伞菌纲Agaricomycetes/伞菌目Agaricales/小脆柄菇科Psathyrellaceae

形态特征 担子果小型。菌盖直径2.5~4cm，初期卵圆形，后呈钟形至斗笠形；表面黄褐色，中部色深，边缘浅黄色，顶部覆浅黄褐色粒状鳞片，有辐射状长棱纹。菌肉白色，很薄。菌褶直生，密，窄，不等长，初期白色，后变黑紫色同时自溶。菌柄圆柱形或基部稍膨大，长2~5cm，粗0.4~0.7cm，白色，幼时表面常具白色细粉末，基物上常有放射分枝毛状的黄褐色菌丝块。担孢子椭圆形，（6.5~8.5）μm×（3~5）μm，光滑，黑褐色。

生　境 夏秋季丛生于林中腐木或树桩上。

引证标本 桥头保护站细沟，海拔2350m，2019年9月26日，刘金喜637；桥头保护站细沟，海拔2350m，2019年9月26日，冶晓燕555；桥头保护站细沟，海拔2350m，2019年9月26日，冶晓燕567。大吐鲁沟，海拔2500m，2018年7月16日，朱学泰2405；大吐鲁沟，海拔2500m，2019年8月2日，冶晓燕101；大吐鲁沟，海拔2500m，2020年8月10日，杜璠43。桥头保护站小杏儿沟，海拔2400m，2020年8月9日，杜璠32。窑洞沟，海拔2050m，2020年8月9日，张国晴19；窑洞沟，海拔2050m，2020年8月9日，赵怡雪7。

讨　论 幼嫩时可采食，但不与酒同吃，以免发生中毒。辐毛小鬼伞的外形特征与晶粒小鬼伞*C. micaceus*非常相似，但最明显的区别是，前者生长的基物上形成大片黄褐色或土黄褐色的粗绒毛状的菌丝块。

庭院小鬼伞

Coprinellus xanthothrix (Romagn.) Vilgalys, Hopple & Jacq. Johnson 2001

分类地位 伞菌纲Agaricomycetes/伞菌目Agaricales/小脆柄菇科Psathyrellaceae

形态特征 担子果很小。菌盖直径0.8~2.5cm，初期卵圆形至钟形，后渐展开；表面褐色、浅棕灰色，中部近栗色，覆白色粒状鳞片，具辐射状长条纹。菌肉白色，很薄。菌褶离生，较稀，窄，不等长，初期白色，后变灰褐色并自溶。菌柄圆柱形，纤细，长3~7.5cm，粗0.1~0.3cm，表面光滑，中空，脆，白色。担孢子宽椭圆形，（8~13）μm×（6~10）μm，光滑，黑褐色。

生　境 春季至秋季单生或群生于林中地上。

引证标本 大吐鲁沟，海拔2450m，2020年8月10日，张国晴34；大吐鲁沟，海拔2450m，2020年8月10日，张国晴42。淌沟保护站棚子沟，海拔1980m，2019年9月28日，刘金喜749。淌沟保护站轱辘沟，海拔2210m，2019年8月4日，刘金喜209；淌沟保护站轱辘沟，海拔2210m，2019年8月4日，刘金喜222。吐鲁坪，海拔2950m，2019年8月3日，冶晓燕140。桥头保护站细沟，海拔2350m，2019年9月26日，刘金喜636；桥头保护站细沟，海拔2350m，2019年9月26日，景雪梅447。小吐鲁沟，海拔2730m，2020年8月10日，冶晓燕890；小吐鲁沟，海拔2730m，2020年8月10日，赵怡雪18。桥头保护站小杏儿沟，海拔2400m，2020年8月9日，冶晓燕854。窑洞沟，海拔2050m，2020年8月9日，张国晴18。竹林沟，海拔2550m，2018年7月14日，朱学泰2353。

讨　论 据记载可食用，但因子实体太小一般无人采食。

墨汁拟鬼伞

Coprinopsis atramentaria (Bull.) Redhead, Vilgalys & Moncalvo 2001

分类地位 伞菌纲Agaricomycetes/伞菌目Agaricales/小脆柄菇科Psathyrellaceae

形态特征 担子果小至中型。菌盖直径2~9cm，初期卵形至钟形，开伞时开始自溶成墨汁状；表面灰白色，覆灰褐色鳞片，边缘具沟状棱纹。菌肉初期白色，后变灰白色，较厚。菌褶离生，很密，不等长，幼时灰白色至灰粉色，后变黑紫色而与菌盖同时自溶为墨汁状。菌柄圆柱形，向下渐粗，长5~15cm，粗0.6~1.2cm，表面光滑，污白色，中空，脆。担孢子椭圆形至宽椭圆形，（6.5~10.5）μm×（4~6.5）μm，光滑，黑褐色。

生 境 春季至秋季丛生于林中、草地、路边等处地下有腐木的地方。

引证标本 大吐鲁沟，海拔2500m，2019年8月2日，朱学泰3240。桥头保护站小杏儿沟，海拔2400m，2019年9月25日，冶晓燕520。大有保护站，海拔2650m，2020年10月4日，张国晴178。

讨 论 墨汁拟鬼伞幼时可食，但不能与酒一起食用，据记载其所含鬼伞素（coprine）会抑制人体肝脏中乙醛脱氢酶的活性，造成体内乙醛累积，引起面部和颈部潮红、低血压、心动过速、心悸、呼吸过快、麻刺感、头痛、恶心呕吐和出汗等症状。

易萎拟鬼伞

Coprinopsis marcescibilis (Britzelm.) Örstadius& E. Larss. 2008

分类地位 伞菌纲Agaricomycetes/伞菌目Agaricales/小脆柄菇科Psathyrellaceae

形态特征 担子果小型。菌盖直径2～5cm，初期半球形，后渐平展成扁平形；表面灰褐色至黄褐色，中央色深，边缘色浅，具小棱纹，盖缘具污白色菌幕残余。菌肉薄，污白色。菌褶离生，密，不等长，幼时灰白色，后变污褐色。菌柄圆柱形，向下渐粗，长5～10cm，粗0.4～0.6cm，表面光滑，白色，中空，脆。担孢子宽椭圆形，（12～14）μm×（7～9）μm，光滑，黑褐色。

生　境 夏秋季生于林中地上。

引证标本 大吐鲁沟，海拔2550m，2020年8月10日，张国晴32。

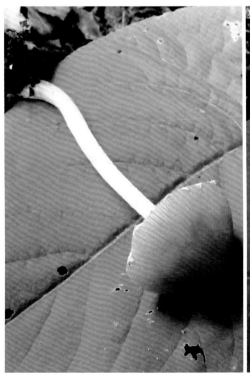

白拟鬼伞

Coprinopsis nivea (Pers.) Redhead, Vilgalys & Moncalvo 2001

别　名　雪白鬼伞

分类地位　伞菌纲Agaricomycetes/伞菌目Agaricales/小脆柄菇科Psathyrellaceae

形态特征　担子果很小。菌盖直径2～3cm，卵形至钟形，盖缘常反卷，表面密被白色粒状菌幕残余，白色，过熟后变污褐色。菌肉很薄，白色。菌褶离生，初期白色，后变灰色，成熟时近黑色。菌柄近圆柱形，纤细，长7～10cm，粗0.3～0.6cm，白色至污白色，初被白色粉末状鳞片，后渐变光滑。担孢子椭圆形，（10～14）μm×（7～9）μm，光滑，近黑色。

生　境　夏秋季单生或散生于林中食草动物粪上。

引证标本　大吐鲁沟，海拔2550m，2020年8月10日，张国晴49。民乐保护站长沟，海拔2200m，2020年8月12日，朱学泰4060；民乐保护站长沟，海拔2200m，2020年8月12日，张国晴116。

垂缘厚囊伞

Homophron cernuum (Vahl) Örstadius & E. Larss. 2015

分类地位 伞菌纲Agaricomycetes/伞菌目Agaricales/小脆柄菇科Psathyrellaceae

形态特征 担子果很小。菌盖直径0.8~2.5cm，幼时半球形，后伸展成扁平状；表面常水渍状，淡褐色，中部常黄褐色；盖缘具白色膜质菌幕残留。菌肉白色，较厚，易碎，味道辛辣。菌褶直生，稍密，不等长，淡褐色至褐色。菌柄近圆柱形，长2~3.5cm，粗0.1~0.5cm，白色至污白色，幼时表面具白色细纤毛，中空，质脆易断。担孢子椭圆形，（5.5~7.5）μm×（4~5）μm，光滑，淡褐色。

生　境 夏秋季群生或丛生于林中腐木基部的苔藓上。

引证标本 桥头保护站细沟，海拔2350m，2019年9月26日，冶晓燕535。

萨尔厚囊伞

Homophron spadiceum (P. Kumm.) Örstadius & E. Larss. 2015

别　名　萨尔小脆柄菇

分类地位　伞菌纲Agaricomycetes/伞菌目Agaricales/小脆柄菇科Psathyrellaceae

形态特征　担子果小型。菌盖直径2.5~3.5cm，幼时半球形，后渐平展成扁平状；表面常水渍状，光滑，肉粉色至淡褐色，盖缘白色，微开裂，具半透明条纹。菌肉白色，较厚。菌褶弯生，稍密，不等长，污白色至淡褐色。菌柄近圆柱形，长3.5~5cm，粗0.3~0.6cm，基部稍粗，表面常具丛毛状鳞片，白色，中空，质脆。担孢子长椭圆形，（8.5~11）μm×（4~5）μm，光滑，淡黄褐色。

生　境　夏秋季单生或散生于林中地上。

引证标本　桥头保护站小杏儿沟，海拔2420m，2019年9月25日，冶晓燕518。

锥盖近地伞

Parasola conopilea (Fr.) Örstadius & E. Larss. 2008

别　名　锥盖小脆柄菇

分类地位　伞菌纲Agaricomycetes/伞菌目Agaricales/小脆柄菇科Psathyrellaceae

形态特征　担子果小至中型。菌盖直径2.5～5cm，幼时锥形，后变钟形至斗笠状，中央具凸起；表面光滑，红褐色至暗褐色。菌肉褐色，薄。菌褶弯生至离生，稍密，不等长，幼时淡褐色，后变深褐色至黑褐色，褶缘色浅。菌柄近圆柱形，细长，长5～13cm，粗0.2～0.5cm，表面光滑，白色，中空，质脆。担孢子椭圆形，（14～18）μm×（6～8）μm，光滑，暗褐色。

生　境　夏秋季生于林中腐殖质上。

引证标本　桥头保护站细沟，海拔2350m，2019年9月26日，冶晓燕544。

白黄小脆柄菇
Psathyrella candolleana (Fr.) Maire 1937

分类地位 伞菌纲Agaricomycetes/伞菌目Agaricales/小脆柄菇科Psathyrellaceae

形态特征 担子果小至中型。菌盖直径3～7cm，初期钟形，后变斗笠形至平展，过熟后边缘反卷，中央有钝突；表面常水渍状，初浅蜜黄色至褐色，干时污白色，中部常黄褐色；幼时盖缘具白色菌幕残留。菌肉白色，较薄。菌褶直生，密，不等长，污白色、灰白色至褐紫灰色。菌柄近圆柱形，细长，长3～8cm，粗0.2～0.7cm，污白色，具纵条纹，或覆纤毛，中空，质脆易断。担孢子椭圆形，（6.5～9）μm×（3.5～5）μm，光滑，浅褐色。

生　境 夏秋季群生或近丛生于林中、林缘、道旁腐朽木周围及草地上。

引证标本 淌沟保护站轱辘沟，海拔2230m，2019年8月4日，刘金喜208；淌沟保护站轱辘沟，海拔2230m，2019年8月4日，刘金喜217；淌沟保护站轱辘沟，海拔2230m，2019年8月4日，冶晓燕160。窑洞沟，海拔2050m，2020年8月9日，朱学泰3938；窑洞沟，海拔2050m，2020年8月9日，朱学泰3957。竹林沟，海拔2500m，2020年8月11日，朱学泰4031；竹林沟，海拔2500m，2018年7月14日，朱学泰2366。桥头保护站小杏儿沟，海拔2400m，2020年8月9日，冶晓燕852。大吐鲁沟，海拔2600m，2018年7月16日，朱学泰2403；大吐鲁沟，海拔2600m，2018年7月16日，朱学泰2404。

一本芒小脆柄菇

Psathyrella cladii-marisci Sicoli, N. G. Passal., de Giuseppe, Palermo & Pellegrino 2019

分类地位 伞菌纲Agaricomycetes/伞菌目Agaricales/小脆柄菇科Psathyrellaceae

形态特征 担子果小型。菌盖直径2~4cm，初期锥形，后变斗笠形至平展，中央有钝突，盖缘有深沟槽；表面灰褐色至栗褐色，中央色深，干后变米黄色至浅褐色。菌肉污白色，较薄。菌褶直生，密，不等长，幼时浅粉色，后变暗褐色，稍具紫色调。菌柄近圆柱形，细长，长3~6cm，粗0.2~0.6cm，污白色，顶部常具粉粒状鳞片，中下部具细纤毛，中空，质脆易断。担孢子椭圆形至卵圆形，（7~11.5）μm×（4.5~6）μm，光滑，浅褐色。

生　境 夏秋季单生或散生于林中地上。

引证标本 竹林沟，海拔2600m，2020年8月11日，冶晓燕919。桥头保护站小杏儿沟，海拔2400m，2020年8月9日，杜璠33。

讨　论 学名种加词 "*cladii-marisci*" 源于其模式标本最初发现于一本芒属植物 *Cladium mariscus* 之下，本书按其原义，将其中文名称拟为 "一本芒小脆柄菇"。

细小脆柄菇

Psathyrella corrugis (Pers.) Konrad & Maubl. 1949

分类地位 伞菌纲Agaricomycetes/伞菌目Agaricales/小脆柄菇科Psathyrellaceae

形态特征 担子果很小。菌盖直径1~2.5cm，幼时锥形，后变扁半球形至扁平，中央具突起；表面水浸状，灰白色至淡褐色，中部黄褐色，老后色变暗。菌肉薄，白色。菌褶直生至弯生，初期浅灰色，后变灰褐色至黑褐色。菌柄近圆柱形，细长，长4~6cm，粗0.3~0.4cm，灰白色，基部菌丝白色。担孢子椭圆形，（11~15）μm×（6.5~7.5）μm，光滑，浅褐色。

生　境 秋季群生于林中腐枝落叶层上。

引证标本 小岗子沟，海拔2420m，2019年8月1日，朱学泰3209。大吐鲁沟，海拔2550m，2020年8月10日，张国晴33。

卵缘小脆柄菇

Psathyrella phegophila Romagn. 1985

分类地位 伞菌纲Agaricomycetes/伞菌目Agaricales/小脆柄菇科Psathyrellaceae

形态特征 担子果很小至小型。菌盖直径1~4.5cm，幼时半球形，后渐至扁平；表面常水浸状，污黄色、黄褐色至褐色，幼时盖缘具明显白色菌幕残留。菌肉薄，污白色。菌褶直生，密，不等长，初期浅灰色，后变灰褐色至深褐色。菌柄圆柱形，长4~8cm，粗0.3~0.6cm，污白色，表面常具丛毛状鳞片，基部菌丝白色。担孢子椭圆形至长椭圆形，（6.5~8.5）μm×（4~5）μm，光滑，褐色。

生　境 秋季群生于林中腐枝落叶层上。

生　境 夏秋季生于云杉林中地上。

引证标本 竹林沟，海拔2600m，2018年7月14日，朱学泰2371；竹林沟，海拔2600m，2018年7月14日，朱学泰2372。

紫果小脆柄菇
Psathyrella purpureobadia Arnolds 2003

分类地位 伞菌纲Agaricomycetes/伞菌目Agaricales/小脆柄菇科Psathyrellaceae

形态特征 担子果很小。菌盖直径1~2cm，幼时半球形至锥形，后渐至扁平；表面常水浸状，红褐色至锈褐色，有时具紫色调，盖缘部分色较浅，具辐射状棱纹。菌肉薄，污白色。菌褶直生至弯生，密，不等长，初期浅灰色，后变红褐色至深褐色。菌柄圆柱形，长2~3cm，粗0.1~0.2cm，污白色，幼时表面常具粉末状鳞片，后脱落，基部菌丝白色。担孢子椭圆形至长椭圆形，（9~11.5）μm×（5~6）μm，光滑，红褐色。

生　境 夏秋季单生或散生于林中或林缘地上。

引证标本 桥头保护站细沟，海拔2350m，2019年9月26日，冶晓燕569；桥头保护站细沟，海拔2350m，2019年9月26日，景雪梅464。桥头保护站小杏儿沟，海拔2400m，2019年9月25日，景雪梅404。

喙状小脆柄菇

Psathyrella rostellata Örstadius 1986

分类地位 伞菌纲Agaricomycetes/伞菌目Agaricales/小脆柄菇科Psathyrellaceae

形态特征 担子果小型。菌盖直径2~4cm，幼时锥形，后渐至扁平状，中央具喙状凸起；表面常水浸状，褐色至深褐色，盖缘部分色较浅；常覆白色纤丝状菌幕残留。菌肉薄，污白色。菌褶直生至弯生，密，不等长，初期浅灰色，后变灰褐色至暗褐色。菌柄圆柱形，长2~6cm，粗0.3~0.6cm，污白色，幼时表面常丛毛状鳞片，基部菌丝白色。担孢子椭圆形至长椭圆形，（8~10）μm×（4.5~5.5）μm，光滑，淡黄褐色。

生 境 夏秋季生于林中苔藓层上。

引证标本 小吐鲁沟，海拔2720m，2020年8月10日，冶晓燕880。

假环小脆柄菇
Psathyrella spintrigeroides P. D. Orton 1960

分类地位 伞菌纲Agaricomycetes/伞菌目Agaricales/小脆柄菇科Psathyrellaceae

形态特征 担子果很小至小型。菌盖直径2~5cm，半球形至凸镜形，中部稍钝凸；表面水浸状，赭褐色至褐色，覆白色丛毛状鳞片。菌肉稍厚，污白色。菌褶直生至稍弯生，密，不等长，灰褐色至褐色。菌柄圆柱形，基部有时稍膨大，长3~5.5cm，粗0.3~0.6cm，污白色，覆丛毛状鳞片，脆，中空；顶部有时具丝膜状菌幕残留。担孢子椭圆形，（7~9.5）μm×（3.5~4.5）μm，光滑，褐色。

生　境 夏秋季群生或散生于林中腐木基部附近地上。

引证标本 竹林沟，海拔2500m，2018年7月14日，朱学泰2351。

高山穆氏杯伞近似种

Musumecia aff. *alpina* L. P. Tang, J. Zhao & S. D. Yang 2016

分类地位　伞菌纲Agaricomycetes/伞菌目Agaricales/假杯伞科Pseudoclitocybaceae

形态特征　担子果小型。菌盖直径3~4cm，半球形、扁半球形至凸镜形，中部稍钝凸；表面覆细绒毛，灰色至灰黑色，中央色较深，边缘稍内卷。菌肉稍厚，污白色。菌褶稍延生，密，不等长，灰白色至灰褐色。菌柄近圆柱形，向下渐粗，长4~7cm，粗0.4~0.6cm，污白色至浅灰色，脆，中空，基部具白色菌索。担孢子椭圆形，（7~9）μm×（4~5）μm，无色，具细小疣突。

生　境　夏秋季单生或散生于针叶林中地上。

引证标本　小吐鲁沟，海拔2730m，2019年8月2日，刘金喜146；小吐鲁沟，海拔2730m，2019年8月2日，刘金喜157。

钻形羽瑚菌近似种

Pterula aff. *subulata* Fr. 1830

分类地位 伞菌纲Agaricomycetes/伞菌目Agaricales/羽瑚菌科Pterulaceae

形态特征 担子果小型。珊瑚状，高4~6cm，宽2~4cm。从近地面基部不断分枝，分枝密集，柄不显著。幼时奶油色至浅粉褐色，成熟后变黄褐色；分枝顶端尖细，黄白色。担孢子椭圆形或肾形，（7~9）μm×（4~5）μm，光滑，无色。

生　境 夏秋季单生或群生于林中地上。

引证标本 淌沟保护站轱辘沟，海拔2210m，2019年8月4日，刘金喜230。

裂褶菌

Schizophyllum commune Fr. 1815

分类地位 伞菌纲Agaricomycetes/伞菌目Agaricales/裂褶菌科Schizophyllaceae

形态特征 担子果小型。菌盖直径0.5～3cm，扇形或肾形，边缘裂瓣状；表面白色、灰白色至黄棕色，覆粗绒毛，盖缘稍内卷，有条纹。菌肉薄，白色，韧。菌褶从基部辐射伸出，白色、灰白色至浅黄褐色，有时具淡紫色调，褶缘纵裂成深沟纹。菌柄短或无。担孢子长椭圆形或腊肠形，（5～7.5）μm×（2～3.5）μm，无色，光滑。

生 境 夏秋季散生、群生或叠生于腐木上。

引证标本 小吐鲁沟，海拔2750m，2020年8月10日，朱学泰3982。

讨 论 食药兼用菌；含有较强活性的纤维素酶，并能产生苹果酸，菌丝深层发酵时可产生大量有机酸；已实现人工栽培。

硬田头菇

Agrocybe dura (Bolton) Singer 1936

分类地位 伞菌纲Agaricomycetes/伞菌目Agaricales/球盖菇科Strophariaceae

形态特征 担子果小至中型。菌盖直径3~7cm，初扁半球形，后趋平展；表面初期光滑，后具裂纹，白色至淡黄色或象牙白色。菌肉较厚，白色，稍韧。菌褶弯生，不等长，密，幼时污白色、青灰色至陶土色，成熟后变褐色，褶缘白色，细齿状。菌柄近圆柱形，基部稍粗，长5~8cm，粗1~1.5cm，污白色，顶部覆粉末状鳞片，基部具白色菌索，中实；菌环上位，膜质，薄，易脱落。担孢子椭圆形至卵圆形，（10.5~14）μm×（6~8）μm，褐色，光滑。

生　境 春季至秋季生于林中或草地上。

引证标本 竹林沟，海拔2500m，2019年9月27日，刘金喜701；竹林沟，海拔2500m，2019年9月27日，刘金喜702；竹林沟，海拔2500m，2020年10月5日，杜璠121。

平田头菇

Agrocybe pediades (Fr.) Fayod 1889

分类地位　伞菌纲Agaricomycetes/伞菌目Agaricales/球盖菇科Strophariaceae

形态特征　担子果小型。菌盖直径1～3.5cm，初半球形至扁半球形，后渐扁平，中央钝突；表面初光滑，湿润时稍黏，土黄色至褐黄色，中部色较深。菌肉薄，浅土黄色。菌褶直生，不等长，稍稀，幼时淡黄褐色，成熟后变褐色至暗褐色。菌柄近圆柱形，基部稍膨大，长2～6cm，粗0.2～0.5cm，覆纤毛状鳞片，与盖同色或色稍浅，内部松软至空心。担孢子椭圆形至卵圆形，（10～13）μm×（7～8.5）μm，浅黄褐色，光滑。

生　境　春季至秋季群生或散生于林中或草地上。

引证标本　苏都沟，海拔2200m，2019年8月2日，朱学泰3221。淌沟保护站棚子沟，海拔2100m，2019年9月28日，冶晓燕625。

粪生光盖伞

Deconica coprophila (Bull.) P. Karst. 1879

分类地位 伞菌纲Agaricomycetes/伞菌目Agaricales/球盖菇科Strophariaceae

形态特征 子实体小型。菌盖直径1~3cm，半球形至扁半球形；表面暗红褐色至灰褐色，初期边缘有白色小鳞片，后变光滑，盖缘具辐射状条纹。菌褶直生，稍稀，初期污白色，成熟后变褐色到紫褐色。菌柄圆柱形，长2~4cm，粗0.2~0.4cm，污白色至暗褐色。担孢子椭圆形，（11~14）μm×（7~8.5）μm，光滑，褐色。

生　境 夏秋季单生或群生于路边马粪或牛粪上。

引证标本 民乐保护站长沟，海拔2350m，2020年8月12日，张国晴115；民乐保护站长沟，海拔2350m，2020年8月12日，赵怡雪78；民乐保护站长沟，海拔2350m，2020年8月12日，赵怡雪82。

讨　论 有毒，据记载含致幻物质。

烟色垂幕菇

Hypholoma capnoides (Fr.) P. Kumm. 1871

| 别　名 | 烟色沿丝伞 |

| 分类地位 | 伞菌纲Agaricomycetes/伞菌目
Agaricales/球盖菇科Strophariaceae

| 形态特征 | 担子果小型。菌盖直径2~4cm，初
期半球形，后变凸镜形至平展，盖缘初期内卷，
成熟后常反卷；表面湿润时近水渍状，红褐色至
赭褐色或浅橙褐色；盖缘灰黄色至灰白色，幼时常具有白色丝膜状菌幕残留。
菌肉较薄，白色至灰色。菌褶直生至弯生，幼时白色，成熟后变烟紫色至紫褐
色。菌柄圆柱形，长3~8cm，粗0.3~0.7cm，幼时白色至黄白色，成熟后从基
部向上逐渐变为棕褐色至锈褐色。担孢子椭圆形，（7~8）μm×（4.5~5.5）μm，
淡紫褐色，光滑。

| 生　境 | 夏秋季丛生或簇生于林中腐木上。

| 引证标本 | 淌沟保护站棚子沟，海拔2010m，2020年10月2日，朱学泰4127；
淌沟保护站棚子沟，海拔2010m，2020年10月2日，张国晴148。竹林沟，海拔
2550m，2020年10月5日，杜璠116。

毛柄库恩菇

Kuehneromyces mutabilis (Schaeff.) Singer & A. H. Sm. 1946

分类地位 伞菌纲Agaricomycetes/伞菌目Agaricales/球盖菇科Strophariaceae

形态特征 担子果小型。菌盖直径2~6cm，幼时半球形至扁半球形，后渐平展，中部常钝突，边缘内卷；表面湿时稍黏，水渍状，光滑或具白色纤丝，黄褐色至茶褐色，中部常红褐色，边缘湿时具半透明条纹。菌肉较薄，白色至淡黄褐色。菌褶直生至稍延生，初期色浅黄褐色，成熟后变锈褐色。菌柄圆柱形，基部常变细，长4~10cm，粗0.3~1cm；菌环以上污白色至浅黄褐色，覆粉末状鳞片，菌环以下暗褐色，具反卷的灰白色至褐色的鳞片；内部松软至中空；菌环上位，膜质，锈褐色。担孢子椭圆形至卵圆形，（5.5~7.5）μm×（3.5~4.5）μm，光滑，淡锈褐色。

生　境 夏秋季丛生于阔叶树倒木或树桩上。

引证标本 竹林沟，海拔2550m，2019年9月27日，冶晓燕584；竹林沟，海拔2550m，2020年8月11日，朱学泰4053。

讨　论 可食用，已实现人工栽培。

多脂鳞伞

Pholiota adiposa (Batsch) P. Kumm. 1871

别　名　黄伞、黄柳菇、柳蘑、黄蘑、肥柳菇、柳松菇、柳树菌

分类地位　伞菌纲Agaricomycetes/伞菌目Agaricales/球盖菇科Strophariaceae

形态特征　担子果中至大型。菌盖直径4～15cm，初期半球形至扁半球形，后渐平展，中部常钝突；表面湿时黏，干时有光泽，柠檬黄色、谷黄色、污黄色至黄褐色，边缘常具丛毛状菌幕残留。菌肉厚，白色至浅黄色。菌褶离生，密，不等长，初期浅黄色至黄色，后变锈褐色。菌柄圆柱形，长4～12cm，粗0.5～1.5cm，表面黏，与盖同色，中实。担孢子卵圆形至椭圆形，（6～8）μm×（3～4.5）μm，光滑，锈褐色。

生　境　夏秋季群生于枯木或树桩上。

引证标本　小吐鲁沟，海拔2730m，2020年8月10日，冶晓燕883。吐鲁坪，海拔2900m，2019年8月3日，朱学泰3284。

讨　论　可食用，已实现人工栽培。

半球盖菇

Protostropharia semiglobata (Batsch) Redhead, Moncalvo & Vilgalys 2013

分类地位 伞菌纲Agaricomycetes/伞菌目Agaricales/球盖菇科Strophariaceae

形态特征 担子果很小。菌盖直径1.5～3.5cm，半球形，中部黄色至柠檬黄色，边缘黄白色至浅黄色，光滑，湿时黏。菌肉薄，污白色。菌褶直生，稍密，不等长，初期青灰色，后变暗灰褐色，边缘色浅。菌柄圆柱形，细长，长4～10cm，粗0.2～0.5cm，与盖同色，光滑，黏，中空。菌环上位，膜质，薄，黑褐色，易脱落。担孢子椭圆形，（15～18）μm×（9～10）μm，紫褐色，光滑。

生　境 夏秋季群生或单生于林中草地、路旁等有牛马粪的地上。

引证标本 民乐保护站长沟，海拔2250m，2020年8月12日，朱学泰4068；民乐保护站长沟，海拔2250m，2020年8月12日，冶晓燕937；民乐保护站长沟，海拔2250m，2020年8月12日，张国晴107；民乐保护站长沟，海拔2250m，2020年8月12日，杜璠74。窑洞沟，海拔2000m，2020年8月9日，赵怡雪15。

蓝绿球盖菇

Stropharia caerulea Kreisel 1979

分类地位 伞菌纲Agaricomycetes/伞菌目Agaricales/球盖菇科Strophariaceae

形态特征 担子果很小。菌盖直径2～4cm，初期钟形，后变斗笠形至凸镜形，中央突起；表面湿时很黏，幼时深蓝绿色，后渐褪色至黄绿色，有时形成黄色斑块；边缘具污白色菌幕残余。菌肉薄，污白色，稍带绿色调。菌褶直生至弯生，较稀疏，不等长，初期污白色，后变灰紫色至紫褐色，边缘色浅。菌柄圆柱形，基部稍膨大，长3～5cm，粗0.4～1cm，菌环上部污白色，下部与盖同色，湿时黏；菌环上位，膜质，黑褐色，易脱落；基部具白色菌索。担孢子椭圆形，（7～9）μm×（4.5～5.5）μm，浅褐色，光滑。

生　境 秋季生于林中地上。

引证标本 淌沟保护站棚子沟，海拔2150m，2020年10月2日，朱学泰4126。

鳞柄口蘑

Tricholoma psammopus (Kalchbr.) Quél. 1875

分类地位 伞菌纲Agaricomycetes/伞菌目Agaricales/口蘑科Tricholomataceae

形态特征 担子果中至大型。菌盖直径4~14cm，扁半球形至平展；表面湿时黏，锈褐色至栗褐色，中部较深色。菌肉白色，较厚。菌褶弯生，密，不等长，白色或带土褐色，有锈色小斑点，边缘锯齿状。菌柄圆柱形，基部稍膨大，长3.5~10cm，粗0.8~2.5cm，上部具颗粒状小点，中部以下有锈褐色纤毛状鳞片。担孢子宽椭圆形至近球形,（5.5~7）μm×（4.5~5.5）μm，无色，光滑。

生　境 夏秋季散生或群生于针叶或阔叶林中地上。

引证标本 竹林沟，海拔2600m，2019年9月27日，冶晓燕581。

雕纹口蘑

Tricholoma scalpturatum (Fr.) Quél. 1872

分类地位 伞菌纲Agaricomycetes/伞菌目Agaricales/口蘑科Tricholomataceae

形态特征 担子果小至中型。菌盖直径4~7cm，半球形，后近平展，中部稍钝凸；表面具平伏的灰色纤毛状小鳞片，暗灰白色，边缘常开裂。菌肉白色，较薄。菌褶弯生，较密，不等长，白色至污白色，成熟后具黄斑。菌柄近圆柱形，长4~5cm，粗0.6~1cm，白色，幼时具丝膜状鳞片，老后变光滑。担孢子椭圆形至卵圆形，（4.5~6）μm×（3~4）μm，无色，光滑。

生　境 秋季群生于林中落叶层地上。

引证标本 竹林沟，海拔2600m，2020年8月11日，朱学泰4057。大吐鲁沟，海拔2500m，2019年8月2日，朱学泰3230。

讨　论 可食用，且出菇量较大。

硫色口蘑

Tricholoma sulphureum (Bull.) P. Kumm. 1871

分类地位 伞菌纲Agaricomycetes/伞菌目Agaricales/口蘑科Tricholomataceae

形态特征 子实体小至中型。菌盖直径4~8cm，初期半球形，后完全平展，中部常钝凸，表面稍有毛至光滑，湿时有黏性，黄色、硫黄色至带褐黄色，中央色较深。菌肉厚，硫黄色至黄色，有刺激性的气味。菌褶直生至弯生，稍稀，较宽，不等长，硫黄色至黄色。菌柄圆柱形，长5~15cm，粗0.8~1cm，表面有纵条纹，同盖同色，内部松软。担孢子椭圆形，（6.5~11）μm×（5~8）μm，无色，光滑。

生　境 秋季散生或群生于林中地上。

引证标本 吐鲁坪，海拔2940m，2019年8月3日，朱学泰3275。竹林沟，海拔2550m，2019年9月27日，冶晓燕609。

讨　论 据记载可食用，但因其具刺激性气味，不受欢迎。

棕灰口蘑

Tricholoma terreum (Schaeff.) P. Kumm. 1871

分类地位 伞菌纲Agaricomycetes/伞菌目Agaricales/口蘑科Tricholomataceae

形态特征 担子果小型。菌盖直径3～5cm，扁半球形至平展；表面覆平伏的纤丝状鳞片，淡灰色、灰色至灰褐色。菌肉白色，稍厚。菌褶弯生，稍密，不等长，白色至米色，褶缘锯齿状。菌柄圆柱形，长3～5cm，粗0.4～1cm，白色至污白色，近光滑。担孢子椭圆形至宽椭圆形，（5～7）μm×（4～5）μm，无色，光滑。

生 境 夏秋季群生于林中地上。

引证标本 苏都沟，海拔2200m，2019年8月2日，朱学泰3219。大有保护站，海拔2600m，2020年10月4日，冶晓燕1029。桥头保护站小杏儿沟，海拔2400m，2020年10月6日，冶晓燕1056。

讨 论 可食用，且出菇量较大。

红鳞口蘑

Tricholoma vaccinum (Schaeff.) P. Kumm. 1871

分类地位　伞菌纲Agaricomycetes/伞菌目Agaricales/口蘑科Tricholomataceae

形态特征　担子果小型。菌盖直径3～5cm，扁半球形至平展，边缘常稍内卷；表面被深红褐色的卷毛状鳞片，淡红褐色。菌肉厚，污白色。菌褶弯生，较密，不等长，幼时白色，成熟后淡粉褐色，具锈褐色斑块。菌柄圆柱形，长3～6cm，直径0.5～1cm，与菌盖同色，覆纤毛状鳞片。担孢子宽椭圆形，（6.5～7.5）μm×（5～6）μm，光滑，无色。

生　境　夏季生于针叶林及针阔混交林中地上。

引证标本　竹林沟，海拔2550m，2020年10月5日，杜璠117；竹林沟，海拔2550m，2020年10月5日，冶晓燕1044。

湿粘田头菇

Cyclocybe erebia (Fr.) Vizzini & Matheny 2014

分类地位 伞菌纲Agaricomycetes/伞菌目Agaricales/假脐菇科Tubariaceae

形态特征 担子果小型。菌盖直径3～6cm，幼时半球形，成熟后完全平展，且边缘反卷，中央钝突；表面光滑，常水渍状，浅黄褐色至红褐色，中部色深。菌肉污白色，较薄。菌褶直生至近延生，稍稀，不等长，淡粉褐色。菌柄圆柱形，长4～10cm，粗0.5～1cm。菌环以上污白色，以下灰褐色，被褐色纤维状鳞片；菌环上位，白色，膜质。担孢子长椭圆形至卵圆形，（8～13.5）μm×（5～8）μm，光滑，茶褐色。

生　境 夏秋季丛生于阔叶林中地上。

引证标本 桥头保护站细沟，海拔2350m，2019年9月26日，冶晓燕543；桥头保护站细沟，海拔2350m，2019年9月26日，景雪梅444。桥头保护站小杏儿沟，海拔2400m，2019年9月25日，景雪梅425。

条边杯伞

Atractosporocybe inornata (Sowerby) P. Alvarado, G. Moreno & Vizzini 2015

分类地位 伞菌纲Agaricomycetes/伞菌目Agaricales/科待定

形态特征 担子果小至中型。菌盖直径3~7cm，扁半球形至平展；表面污白色至浅黄色，平滑，边缘常波浪状，有辐射状沟纹。菌肉较薄，白色至浅灰褐色。菌褶直生至弯生，密集，不等长，污白色至浅褐灰色。菌柄近圆柱形，基部稍细，长4~7cm，粗0.5~1cm，污白色至浅褐色，常具纵条纹，内部实心。担孢子近椭圆形，（7~9）μm×（3~4）μm，光滑，无色。

生　境 夏秋季单生或群生于林中或林缘草地上。

引证标本 桥头保护站细沟，海拔2400m，2019年9月26日，冶晓燕566；桥头保护站细沟，海拔2400m，2019年9月26日，景雪梅474。大吐鲁沟，海拔2550m，2020年10月3日，杜璠79。

讨　论 据记载可食。

赭黄杯伞

Clitocybe bresadolana Singer 1937

分类地位 伞菌纲Agaricomycetes/伞菌目Agaricales/科待定

形态特征 担子果小型。菌盖直径2~5cm，幼时扁球形或扁平，成熟后中部下凹呈漏斗状；表面土黄色至赭黄褐色，边缘常波状，内卷，具不明显条纹。菌肉较薄，白色至乳白色，有香气。菌褶延生，较密，不等长，乳白色，成熟后带黄色调。菌柄圆柱形，长3~5cm，粗0.4~1cm，与菌盖同色，光滑，基部稍膨大且有白色绒毛，中实。担孢子椭圆形，（5~7）μm×（3~4.5）μm，无色，光滑。

生　境 秋季单生或群生于林间草地上。

引证标本 竹林沟，海拔2550m，2018年7月14日，朱学泰2355。

变色杯伞

Clitocybe metachroa (Fr.) P. Kumm. 1871

分类地位　伞菌纲Agaricomycetes/伞菌目Agaricales/科待定

形态特征　担子果小型。菌盖直径3～6.5cm，扁平状，中部具凹窝；表面常水浸状，污白色至浅灰褐色，中部褐色，边缘具不明显棱纹。菌肉较薄，近白色。菌褶延生，稍密，不等长，污白色至浅灰褐色。菌柄圆柱形，细长，等粗或向下变细，长3～6cm，粗0.3～0.7cm，与盖同色；表面覆白色微绒毛。担孢子椭圆形，（5.5～7）μm×（3～4）μm，光滑，无色。

生　境　秋季群生或散生于针阔混交林中地上。

引证标本　竹林沟，海拔2550m，2019年9月27日，景雪梅517；竹林沟，海拔2550m，2019年9月27日，冶晓燕611。

水粉杯伞

Clitocybe nebularis (Batsch) P. Kumm. 1871

分类地位 伞菌纲Agaricomycetes/伞菌目Agaricales/科待定

形态特征 担子果中至大型。菌盖直径4~13cm，扁半球形至凸镜形，中央常钝突，边缘平滑无条棱，但有时成波浪状或近似花瓣状；表面颜色多变化，灰褐色、烟灰色至近淡黄色，干时灰白色。菌肉较薄，污白色。菌褶稍延生，窄而密，污白色。菌柄近圆柱形，基部常稍膨大，长5~9cm，粗达0.55~1.5cm，有时具纵棱纹，污白色。担孢子椭圆形，（5.5~7.5）μm×（3.5~4）μm，光滑，无色。

生 境 夏秋季群生或散生于林中地上。

引证标本 桥头保护站细沟，海拔2400m，2019年9月26日，冶晓燕551；桥头保护站细沟，海拔2400m，2019年9月26日，刘金喜635；桥头保护站细沟，海拔2400m，2019年9月26日，刘金喜642。淌沟保护站棚子沟，海拔2050m，2020年10月2日，张国晴142。

讨 论 食毒性有争议，慎食。

浅黄绿杯伞

Clitocybe odora (Bull.) P. Kumm. 1871

分类地位 伞菌纲Agaricomycetes/伞菌目Agaricales/科待定

形态特征 担子果小至中型。菌盖直径2～7cm，幼时半球形至扁半球形，后扁平至完全平展；中部稍下凹，或有钝突；表面平滑，污白色，带黄绿色调，中央色深，边缘有时具条纹。菌肉白色，稍厚，具香气味。菌褶直生或稍延生，密集，不等长，白色至乳白色，有时稍带粉色调。菌柄圆柱形，长2～5cm，粗0.5～0.7cm，白色、黄白色至浅褐色，具纤毛状鳞片，基部常有白绒毛。担孢子宽椭圆形或近卵圆形，（5.5～7）μm×（3.5～5）μm，光滑，无色。

生　境 夏秋季群生或散生于林中草地上。

引证标本 竹林沟，海拔2550m，2020年8月11日，冶晓燕915；竹林沟，海拔2550m，2020年8月11日，朱学泰4046；竹林沟，海拔2550m，2020年8月11日，朱学泰4049；竹林沟，海拔2550m，2020年8月11日，杜璠70；竹林沟，海拔2550m，2020年8月11日，赵怡雪66；竹林沟，海拔2550m，2019年9月27日，刘金喜716。大吐鲁沟，海拔2600m，2020年10月3日，杜璠82。

讨　论 食毒性有争议，慎食！

白杯伞

Clitocybe phyllophila (Pers.) P. Kumm. 1871

别　名　白杯蕈、落叶杯伞

分类地位　伞菌纲Agaricomycetes/伞菌目Agaricales/科待定

形态特征　担子果中至大型。菌盖直径4.5~11cm，初期扁球形，后期中部下凹呈浅杯状；表面覆微绒毛，白色至污白色，边缘光滑。菌肉较薄，白色。菌褶延生，稍密，窄，不等长，白色，褶缘近平滑。菌柄圆柱形，长4~8cm，粗0.5~1cm，与菌盖同色，基部有白色绒毛。担孢子椭圆形，（4.5~7）μm×（3~4）μm，光滑，无色。

生　境　夏秋季群生于阔叶林中地上。

引证标本　小岗子沟，海拔2320m，2019年8月1日，朱学泰3204；小岗子沟，海拔2320m，2019年8月1日，朱学泰3186。桥头保护站细沟，海拔2400m，2019年9月26日，冶晓燕536。淌沟保护站棚子沟，海拔2100m，2019年9月28日，冶晓燕628；淌沟保护站棚子沟，海拔2100m，2019年9月28日，冶晓燕655；淌沟保护站棚子沟，海拔2100m，2019年9月28日，冶晓燕640；淌沟保护站棚子沟，海拔2100m，2019年9月28日，景雪梅542。竹林沟，海拔2450m，2019年9月27日，景雪梅514；竹林沟，海拔2450m，2019年9月27日，刘金喜737；竹林沟，海拔2450m，2020年8月11日，张国晴72。

讨　论　据记载有毒，不可食用。

多色杯伞

Clitocybe subditopoda Peck 1889

分类地位 伞菌纲Agaricomycetes/伞菌目Agaricales/科待定

形态特征 担子果小至中型。菌盖直径1~4cm，初期扁球形，后渐平展，过熟后中部稍下凹，表面光滑，常水浸状，浅黄褐色、米黄色至污白色，中央色稍深，边缘具条纹。菌肉薄白色，常水渍状。菌褶延生，密，不等长，白色。菌柄长5~8cm，粗0.2~0.5cm，圆柱形，基部稍膨大，与菌盖同色，被白色纤丝，成熟后中空。担孢子椭圆形，（4~5）μm×（2.5~3）μm，光滑，无色。

生　境 夏秋季单生或散生于针叶林中地上。

引证标本 窑洞沟，海拔2050m，2020年8月9日，朱学泰3951。

长柄杯伞

Clitocybe vibecina (Fr.) Quél. 1872

分类地位 伞菌纲Agaricomycetes/伞菌目Agaricales/科待定

形态特征 担子果小至中型。菌盖直径 2.5～6.0cm，初期凸镜状，后渐平展，中央钝凸或稍下凹，边缘稍内卷；表面幼时深褐色，后逐渐褪色至浅褐色至灰白色，水浸状，光滑。菌肉白色，薄。菌褶延生，密，不等长，灰色、浅烟灰色或黄色。菌柄近圆柱形，基部稍膨大，长4～7cm，粗0.3～0.7cm，污白色至浅褐色，表面被有白色纤丝，过熟后中空；基部菌丝白色。担孢子椭圆形至长椭圆形，（6～7.5）μm×（2.5～4）μm，光滑，无色。

生　境 夏秋季生于林中地上。

引证标本 竹林沟，海拔2550m，2019年9月27日，景雪梅499；竹林沟，海拔2550m，2019年9月27日，景雪梅507；竹林沟，海拔2550m，2019年9月27日，景雪梅524。

乳白蛋巢菌

Crucibulum laeve (Huds.) Kambly 1936

分类地位 伞菌纲Agaricomycetes/伞菌目Agaricales/科待定

形态特征 担子果很小，鸟巢状、杯状。高0.5~1cm，杯口直径0.4~0.8cm；幼时杯口覆淡黄色至褐黄色的盖膜，成熟后脱落；包被外表面淡黄色、黄色至褐黄色，被绒毛，后变光滑，包被内表面覆白色膜。内有数个扁球形的小包，小包直径1.5~2mm，由一纤细的、有韧性的绳状菌索固定于包被基部。担孢子椭圆形至近卵形，（7.5~12）μm×（4.5~6）μm，无色，光滑。

生　境 夏秋季群生于林中腐枝、腐木上。

引证标本 淌沟保护站轱辘沟，海拔2230m，2019年8月4日，朱学泰3298；淌沟保护站轱辘沟，海拔2230m，2019年8月4日，朱学泰3311；淌沟保护站轱辘沟，海拔2230m，2019年8月4日，冶晓燕168。吐鲁坪，海拔2900m，2019年8月3日，朱学泰3270；吐鲁坪，海拔2900m，2019年8月3日，冶晓燕144。民乐保护站长沟，海拔2200m，2020年8月12日，张国晴103。小吐鲁沟，海拔2730m，2020年8月10日，朱学泰3990。竹林沟，海拔2500m，2018年7月14日，朱学泰2367；竹林沟，海拔2500m，2020年8月11日，张国晴93；竹林沟，海拔2500m，2018年7月14日，冶晓燕923。

甘肃黑蛋巢菌

Cyathus gansuensis B. Yang, J. Yu & T. X. Zhou 2002

分类地位 伞菌纲Agaricomycetes/伞菌目Agaricales/科待定

形态特征 担子果很小，鸟巢状、杯状。高0.4～0.8cm，杯口直径0.5～0.8cm；幼时杯口覆褐色的丛毛状盖膜，成熟后脱落；包被外表面灰褐色至暗褐色，被丛毛状鳞片，包被内表面光滑，具辐射状棱纹，暗褐色。内有数个扁球形的小包，小包直径1～2mm。担孢子宽椭圆形至近卵形，（10.5～14）μm×（8.5～11）μm，无色，光滑。

生　境 夏秋季群生于林中腐枝上。

引证标本 淌沟保护站轱辘沟，海拔2220m，2019年8月4日，朱学泰3299。桥头保护站细沟，海拔2340m，2019年9月26日，景雪梅446。小吐鲁沟，海拔2730m，2019年8月2日，冶晓燕104。

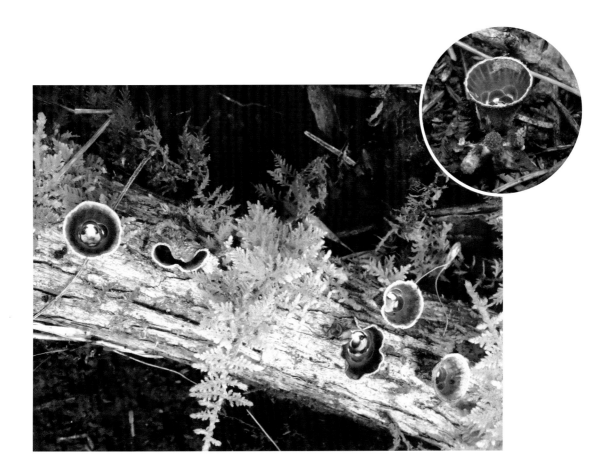

朱红小囊皮伞

Cystodermella cinnabarina (Alb. & Schwein.) Harmaja 2002

别　名　朱红囊皮菌

分类地位　伞菌纲Agaricomycetes/伞菌目Agaricales/科待定

形态特征　担子果小至中型。菌盖直径3～8cm，初期凸镜状，后渐平展，中央常有钝凸，边缘稍内卷；表面褐红色，常被暗色颗粒状鳞片，易脱落，盖缘常覆淡褐红色的菌膜残留。菌肉较厚，浅黄白色，近表皮处具红色调。菌褶弯生至近离生，密，不等长，白色。菌柄近圆柱形，向下稍变粗，长4～7cm，粗0.8～1.2cm，与菌盖同色，中下部覆白色丝膜状鳞片。菌环中位至上位，膜质，白色，易破裂脱落。担孢子椭圆形，（4～5）μm×（2.5～3）μm，光滑，无色。

生　境　夏秋季单生或散生于林中地上。

引证标本　桥头保护站小杏儿沟，海拔2420m，2019年9月25日，刘金喜584。

黄白卷毛菇

Floccularia albolanaripes (G. F. Atk.) Redhead 1987

分类地位　伞菌纲Agaricomycetes/伞菌目Agaricales/科待定

形态特征　担子果小至中型。菌盖直径3.5～7cm，有时半球形，后变扁平至平展，中央稍钝凸；表面黄色、鲜黄色至褐黄色，被淡黄褐色细小鳞片，中央色稍深。菌肉较厚，白色。菌褶弯生，密集，米色至淡黄色。菌柄近圆柱形，长5～8cm，粗0.5～1cm，顶部白色、光滑，中部及下部米色至淡黄色，密被绒状至反卷的黄色鳞片。担孢子椭圆形，（6～8）μm×（4～5）μm，无色，光滑。

生　境　夏秋季生于林中地上。

引证标本　民乐保护站长沟，海拔2350m，2020年8月12日，朱学泰4064。淌沟保护站轱辘沟，海拔2230m，2019年8月4日，冶晓燕163；淌沟保护站轱辘沟，海拔2230m，2019年8月4日，刘金喜211；淌沟保护站轱辘沟，海拔2230m，2019年8月4日，朱学泰3291。桥头保护站小杏儿沟，海拔2400mm，2020年8月9日，冶晓燕860；桥头保护站小杏儿沟，海拔2400mm，2020年8月9日，冶晓燕868；桥头保护站小杏儿沟，海拔2400mm，2019年9月25日，刘金喜594。大吐鲁沟，海拔2350m，2019年8月2日，朱学泰3241；大吐鲁沟，海拔2350m，2019年8月2日，朱学泰3247；大吐鲁沟，海拔2350m，2020年8月10日，杜璠47。

碱紫漏斗伞
Infundibulicybe alkaliviolascens (Bellù) Bellù 2012

分类地位 伞菌纲Agaricomycetes/伞菌目Agaricales/科待定

形态特征 担子果小至中型。菌盖直径4~9cm，幼时扁半球形，后渐平展，中部凹陷呈漏斗状，边缘波浪状；表面黄褐色、暗褐色至红褐色，覆微绒毛，盖缘常具放射状小棱纹。菌肉较厚，白色，近表皮处带粉色调。菌褶长延生，较密，有分叉，白色。菌柄近圆柱形，长3~8cm，粗0.4~1cm，与菌盖同色或色稍浅，具纵向细条纹，覆纤丝状附属物，中实。担孢子椭圆形至近扁桃形，（7~9）μm×（4.5~5）μm，光滑，无色。

生　境 夏秋季单生或散生于针叶林或针阔混交林中地上。

引证标本 吐鲁坪，海拔2900m，2019年8月3日，冶晓燕154。竹林沟，海拔2600m，2018年7月14日，朱学泰2368。苏都沟，海拔2200m，2019年8月2日，朱学泰3222；苏都沟，海拔2200m，2019年8月2日，朱学泰3229。

深凹杯伞

Infundibulicybe gibba (Pers.) Harmaja 2003

分类地位　伞菌纲Agaricomycetes/伞菌目Agaricales/科待定

形态特征　担子果小至中型。菌盖直径3~8cm，初期扁平，后期中部凹陷呈漏斗状；表面浅土黄色至浅粉褐色，干燥，初期具丝状柔毛，后变光滑。菌肉白色，很薄。菌褶延生，密，窄，不等长，白色。菌柄圆柱形，长4~8cm，粗0.5~1cm，与盖同色或稍浅，具纵棱纹，内部松软。担孢子椭圆形，（6~9）μm×（3.5~5）μm，光滑，无色。

生　境　夏秋季生于阔叶林或针叶林中地上。

引证标本　淌沟保护站轱辘沟，海拔2230m，2019年8月4日，冶晓燕165。竹林沟，海拔2550m，2020年8月11日，张国晴99。

暗红漏斗菌

Infundibulicybe rufa Q. Zhao, K. D. Hyde, J. K. Liu & Y. J. Hao 2016

分类地位　伞菌纲Agaricomycetes/伞菌目Agaricales/科待定

形态特征　担子果小至中型。菌盖直径3~6cm，初期扁平，成熟后中部凹陷呈漏斗状；盖缘初内卷，成熟后皱成波状。表面红黄色至暗褐色，常水渍状，初期具微柔毛，后变光滑。菌肉白色，很薄。菌褶延生，密，较宽，不等长，污白色至浅黄色。菌柄圆柱形，长4~7cm，粗0.5~1cm，与菌盖同色或稍浅，具纵向棱纹，内部松软。担孢子椭圆形，（6.5~9）μm×（4~5）μm，光滑，无色。

生　境　夏秋季单生或散生于云杉林中地上。

引证标本　大吐鲁沟，海拔2500m，2018年7月16日，朱学泰2414。竹林沟，海拔2550m，2018年7月14日，朱学泰2375。

肉色香蘑

Lepista irina (Fr.) H. E. Bigelow 1959

分类地位 伞菌纲Agaricomycetes/伞菌目Agaricales/科待定

形态特征 担子果中至大型。菌盖直径5～11cm，扁平球形至近平展，幼时边缘絮状且内卷；表面成熟后凹凸不平，光滑，干燥，污白色、淡肉色至暗黄白色。菌肉较厚，柔软，白色，稍带粉色调。菌褶直生至延生，密，不等长，白色至淡粉色。菌柄近圆柱形，长4～8cm，粗1～2.5cm，同菌盖色，上部常具粉末状鳞片，中实。担孢子椭圆形至宽椭圆形，（7～10）μm×（4～5）μm，无色，具小疣点。

生 境 秋季在草地、树林中地上群生或散生，有时可形成蘑菇圈。

引证标本 竹林沟，海拔2550m，2019年9月27日，冶晓燕593。

讨 论 该物种香气浓郁，干后具香味愈加突出，菌肉柔软细腻，是广受欢迎的野生食用菌。

灰褐香蘑

Lepista luscina (Fr.) Singer 1951

分类地位 伞菌纲Agaricomycetes/伞菌目Agaricales/科待定

形态特征 担子果小至中型。菌盖直径5~10cm，幼时半球形，后至近平展，有时中部下凹；表面灰白色、浅紫灰色至灰褐色，中央色稍深。菌肉较厚，灰白色。菌褶直生至弯生，密，不等长，灰白色、浅紫灰色至浅肉色。菌柄近圆柱形，较粗壮，基部稍膨大，长3~8cm，粗1~2cm，与菌同盖或色稍浅，具纵条纹。担孢子椭圆形或卵圆形，（5~6）μm×（3.5~4）μm，无色，常具小疣点。

生　境 夏秋季群生或散生于林缘草地或林中地上，有时可形成蘑菇圈。

引证标本 吐鲁坪，海拔2900m，2019年8月3日，冶晓燕131。桥头保护站小杏儿沟，海拔2400m，2019年9月25日，景雪梅419。桥头保护站细沟，海拔2350m，2019年9月25日，冶晓燕547。

紫丁香蘑

Lepista nuda (Bull.) Cooke 1871

分类地位 伞菌纲Agaricomycetes/伞菌目Agaricales/科待定

形态特征 担子果中至大型。菌盖直径3.5~9cm，半球形至平展，成熟后中部常稍凹；表面光滑，亮紫色、粉紫色、丁香紫色至褐紫色。菌肉较厚，淡紫色。菌褶直生至稍延生，密，不等长，淡紫色至粉紫色。菌柄圆柱形，基部稍膨大，长4~9cm，粗0.5~2cm，与盖同色，幼时上部有絮状粉末，下部光滑或具纵条纹，中实。担孢子椭圆形，(5~8)μm×(3.5~4)μm，具小疣点，无色。

生　境 秋季在林中地上散生或群生。

引证标本 吐鲁坪，海拔2900m，2019年8月3日，冶晓燕138。小岗子沟，海拔2420m，2019年8月1日，刘金喜142。大吐鲁沟，海拔2600m，2020年10月3日，杜璠87。桥头保护站小杏儿沟，海拔2400m，2020年10月6日，冶晓燕1051。

讨　论 可食用，菌肉较厚，具香气，是很受欢迎的优良野生食菌。

花脸香蘑

Lepista sordida (Schumach.) Singer 1951

分类地位 伞菌纲Agaricomycetes/伞菌目Agaricales/科待定

形态特征 担子果小至中型。菌盖直径3~8cm，初扁半球形，后渐平展，有时中部稍下凹；表面新鲜时紫罗兰色，干燥时颜色渐淡至黄褐色，湿润时半透明状或水浸状，盖缘内卷，具不明显的条纹，常呈波状。菌肉淡紫色，较厚，常水渍状。菌褶直生至弯生，较密，淡蓝紫色，不等长。菌柄长3~6.5cm，粗0.5~1cm，近圆柱形，近基部常弯曲，与盖同色，中实。担孢子椭圆形至近卵圆形，（6~10）μm×（3~5）μm，具小疣点，无色。

生　境 夏秋季群生于山坡草地、草原、菜园、村庄路旁等地。

引证标本 竹林沟，海拔2500m，2018年7月14日，朱学泰2370；竹林沟，海拔2500m，2019年9月27日，刘金喜663；竹林沟，海拔2500m，2019年9月27日，刘金喜713。淌沟保护站棚子沟，海拔2200m，2019年9月28日，刘金喜736。桥头保护站小杏儿沟，海拔2400m，2019年9月25日，刘金喜608。

讨　论 可食用，据记载已实现人工栽培。

污白杯伞

Leucocybe houghtonii (W. Phillips) Halama & Pencakowski 2017

分类地位 伞菌纲Agaricomycetes/伞菌目Agaricales/科待定

形态特征 担子果小至中型。菌盖直径2~7cm，初期扁球形至扁平形，成熟后平展且中央下凹，边缘常波状；表面污白色带粉黄色调，干燥时污白色。菌肉白色，薄，有菌香气味。菌褶延生，较密，窄幅，不等长，粉黄色。菌柄圆柱形，长3~8cm，粗0.3~0.7cm，与盖同色，光滑，内部松软至空心。担孢子椭圆形，（6.5~8.5）μm×（3.5~4.5）μm，光滑，无色。

生　境 夏秋季生于林中腐殖质上。

引证标本 桥头保护站细沟，海拔2380m，2019年9月26日，景雪梅461。桥头保护站小杏儿沟，海拔2400m，2019年9月25日，刘金喜599。

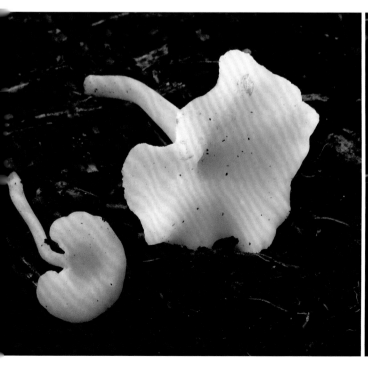

普通铦囊蘑

Melanoleuca communis Sánchez-García & J. Cifuentes 2013

分类地位 伞菌纲Agaricomycetes/伞菌目Agaricales/科待定

形态特征 子实体小至大型。菌盖3~10cm，扁半球形至平展，中央常脐状隆起，边缘稍内卷；表面光滑，灰褐色至黄棕色，中央色较深。菌肉稍后，白色。菌褶弯生至离生，密集，白色至淡黄色。菌柄圆柱状，基部稍有膨大，长4~8cm，宽0.4~1cm，白色至浅黄色，有纵向条纹，中实。担孢子椭圆形，（6~9）μm×（4~5）μm，无色，有小疣点。

生　境 夏秋季生于针阔混交林地上。

引证标本 竹林沟，海拔2550m，2020年10月5日，张国晴204。

白柄铦囊蘑

Melanoleuca leucopoda X. D. Yu 2014

分类地位 伞菌纲Agaricomycetes/伞菌目Agaricales/科待定

形态特征 子实体小型。菌盖直径3~5cm，初期扁半球形至凸镜形，后渐伸展，中间具钝突；表面浅粉褐色至肉桂色，中间颜色稍深，有微绒毛，湿时黏。菌肉较厚，白色至奶油色。菌褶近弯生，密集，不等长，白色。菌柄圆柱形，基部稍膨大，长4~8cm，直径0.4~0.7cm，白色，基部肉桂色，表面覆微绒毛。担孢子长椭圆形，（10~14）μm×（6~8）μm，无色，具疣突。

生　境 夏秋季散生于稀疏的林中地上。

引证标本 淌沟保护站棚子沟，海拔2050m，2020年10月2日，冶晓燕925。竹林沟，海拔2500m，2019年9月27日，冶晓燕596；竹林沟，海拔2500m，2020年8月11日，赵怡雪64。桥头保护站细沟，海拔2380m，2019年9月26日，景雪梅454。

假灰褐铦囊蘑

Melanoleuca pseudopaedida Bon 1990

分类地位 伞菌纲Agaricomycetes/伞菌目Agaricales/科待定

形态特征 担子果小型。菌盖直径3~5cm，扁半球形至凸镜形，中间具钝突；表面光滑，深褐色至黑褐色。菌肉较薄，白色。菌褶弯生，较密，不等长，污白色至淡黄褐色。菌柄近圆柱形，长3~4cm，粗0.3~0.5cm，灰褐色至暗褐色。担孢子椭圆形至近卵形，（6~8.5）μm×（4~5）μm，无色，具小疣突。

生　境 秋季生于针叶林中地上。

引证标本 大有保护站，海拔2700m，2020年10月4日，杜璠103；大有保护站，海拔2700m，2020年10月4日，张国晴187。

苔藓小菇

Mycenella bryophila (Voglino) Singer 1951

分类地位 伞菌纲Agaricomycetes/伞菌目Agaricales/科待定

形态特征 担子果很小。菌盖直径0.5~1.5cm，初期锥形，后渐平展，中央常钝突，盖缘具辐射状棱纹；表面光滑，中央暗褐色，周围粉褐色。菌肉很薄，白色。菌褶较稀疏，弯生至近离生，污白色至淡黄褐色。菌柄圆柱形，长2~5cm，粗0.1~0.3cm，顶部浅灰褐色，向下渐变为暗褐色，被白色微柔毛。担孢子宽椭圆形至近球形，（6.5~8）μm×（6~7.5）μm，无色，具小疣。

生 境 夏秋季生于针叶林中苔藓上。

引证标本 竹林沟，海拔2450m，2020年8月11日，张国晴90；竹林沟，海拔2450m，2020年10月5日，杜璠109。

黄褐疣孢斑褶菇

Panaeolina foenisecii (Pers.) Maire 1933

别　名　黄褐斑褶菇

分类地位　伞菌纲Agaricomycetes/伞菌目Agaricales/科待定

形态特征　担子果小型。菌盖直径2～3cm，钟形至半球形；表面近平滑，干燥时易不规则龟裂，红褐色至暗褐色，有时边缘色较暗。菌肉污白色，薄。菌褶直生，较密，初灰白色至粉褐色，后变黑褐色，褶缘白色。菌柄圆柱形，细长，长5～8cm，粗0.1～0.3cm，灰褐色至淡褐色。担孢子暗黑色，光滑，椭圆形至卵圆形，（12～14）μm×（7～8.5）μm。

生　境　秋季散生或群生于草地上。

引证标本　桥头保护站细沟，海拔2350m，2019年9月26日，景雪梅431。

锐顶斑褶菇

Panaeolus acuminatus (P. Kumm.) Quél. 1872

分类地位 伞菌纲Agaricomycetes/伞菌目Agaricales/科待定

形态特征 担子果很小至小型，菌盖直径1～3cm，初期圆锥形至钟形，后伸展成凸镜形；表面光滑，湿时亮红褐色至暗褐色，干后呈灰褐色，盖缘有时具暗褐色水渍状环带。菌肉很薄，浅褐色，菌褶直生至弯生，密，辐窄，不等长，初灰褐色，后变黑色，有黑灰相间的花斑。菌柄圆柱形，长5～7.5cm，粗0.1～0.3cm，茶灰褐色，下部色较深，常被白色粉末状鳞片。担孢子近柠檬形，（13～16）μm×（8～10）μm，光滑，暗褐色。

生 境 夏秋季散生或群生于粪堆上或肥土上。

引证标本 大吐鲁沟，海拔2450m，2020年10月3日，朱学泰4143；大吐鲁沟，海拔2450m，2020年8月10日，张国晴48。窑洞沟，海拔2000m，2020年8月9日，朱学泰3952。竹林沟，海拔2550m，2020年8月11日，张国晴80。淌沟站棚子沟，海拔2100m，2020年10月2日，朱学泰4122。大有保护站，海拔2700m，2020年10月4日，朱学泰4168。

粪生斑褶菇

Panaeolus fimicola (Pers.) Gillet 1878

分类地位 伞菌纲Agaricomycetes/伞菌目Agaricales/科待定

形态特征 担子果小型。菌盖直径1.5~4cm，初期圆锥形至钟形，后伸展为扁半球形，中部钝或稍突起；表面光滑，灰白色至灰褐色，中部过熟后变黄褐色至茶褐色，边缘常形成有暗色环带。菌肉极薄，灰白色。菌褶直生，稍稀，幅宽，初期灰褐色，后渐变为黑灰相间花斑状，最后变为黑色，褶缘白色。菌柄圆柱形，长2.5~8cm，粗0.2~0.4cm，白色至灰白色，向下颜色稍深，中空。担孢子椭圆形至柠檬形，（12~15）μm×（8.5~11）μm，光滑，褐色至黑褐色。

生 境 夏季生于马粪堆及其周围地上。

引证标本 民乐保护站长沟，海拔2200m，2020年8月12日，张国晴113；民乐保护站长沟，海拔2200m，2020年8月12日，张国晴114。

讨 论 有毒，不可食用。

蝶形斑褶菇

Panaeolus papilionaceus (Bull.) Quél. 1872

分类地位 伞菌纲Agaricomycetes/伞菌目Agaricales/科待定

形态特征 担子果很小。菌盖直径1~3cm，幼时锥形至钟形，成熟后渐平展，菌盖中央具有乳突；表面灰褐色至紫褐色，光滑具光泽；过熟时，边缘常辐射开裂成尖瓣状。菌肉污白色，薄。菌褶直生至弯生，较密，不等长，灰褐色至深紫褐色，有黑灰相间的花斑。菌柄圆柱形，纤细，长4~12cm，粗0.2~0.5cm，灰褐色至褐色，被白色粉末状鳞片。担孢子椭圆形至长椭圆形，（13~16）μm×（10~12）μm，光滑，暗褐色。

生　境 夏秋季单生、散生或群生于食草动物粪堆上或粪堆旁。

引证标本 民乐保护站长沟，海拔2200m，2020年8月12日，朱学泰4072。竹林沟，海拔2550m，2020年8月11日，张国晴92；竹林沟，海拔2550m，2020年8月11日，赵怡雪62。

半卵形斑褶菇

Panaeolus semiovatus (Sowerby) S. Lundell & Nannf. 1938

分类地位 伞菌纲Agaricomycetes/伞菌目Agaricales/科待定

形态特征 担子果小型，菌盖直径2～5cm，钟形至半球形；表面平滑至有皱纹，湿时黏，污白色至米黄色，中央色稍深。菌肉很薄，污白色至淡灰黄色。菌褶弯生，较稀疏，不等长，灰褐色至暗褐色，有黑灰相间的斑纹。菌柄圆柱形，长7～12cm，直径0.3～0.6cm，与菌盖同色。菌环上位至中位，膜质，灰色至灰褐色。担孢子椭圆形，（17～20）μm×（9.5～12）μm，光滑，暗褐色。

生　境 夏秋季生于林中食草动物粪便上。

引证标本 竹林沟，海拔2500m，2020年8月11日，冶晓燕928；竹林沟，海拔2500m，2019年9月27日，冶晓燕588；竹林沟，海拔2500m，2020年8月11日，刘金喜673。

讨　论 有毒，不可食用。

金黄褐伞

Phaeolepiota aurea (Matt.) Maire 1928

分类地位　伞菌纲Agaricomycetes/伞菌目Agaricales/科待定

形态特征　担子果中至大型。菌盖直径5～15cm，初期半球形、扁半球形，后伸展至凸镜形，中部凸起，或有皱纹；表面密覆粉粒状鳞片，黄色、金黄色至橘黄色。菌肉厚，白色至淡黄色。菌褶直生，较密，不等长，初期淡黄色，后变黄褐色。菌柄圆柱形，基部膨大，细长，长5～15cm，粗1.5～3cm，密覆橘黄色至黄褐色环状排列的颗粒状鳞片。菌环上位，膜质，不易脱落；上表面光滑，呈现孢子印颜色；下表面与菌柄表面的颜色、附属物均一致。担孢子长纺锤形，（11～14）μm×（4～6）μm，光滑或有小疣点，黄褐色。

生　境　夏秋季散生或群生，有时近丛生于针叶林或针阔混交林中地上。

引证标本　竹林沟，海拔2600m，2019年9月27日，冶晓燕585。

毛缘菇

Ripartites tricholoma (Alb. & Schwein.) P. Karst. 1879

分类地位 伞菌纲Agaricomycetes/伞菌目Agaricales/科待定

形态特征 子实体小至中型。菌盖直径2～5cm，凸镜形至渐平展，成熟后中央常稍凹陷；盖缘幼时稍内卷，成熟后微波状，具条纹，具睫毛状刚毛；表面具绒毛，白色至污白色。菌肉稍厚，白色。菌褶直生至稍延生，较密，不等长，初白色，后渐变成淡肉桂色。菌柄圆柱形，长2.5～5cm，粗0.3～1cm，白色至污棕色，质脆。担孢子椭圆形至近圆形，（4.5～6）μm×（4～5）μm，淡棕色，有小疣点。

生　　境 夏秋季单生或散生于林中地上。

引证标本 桥头保护站细沟，海拔2360m，2019年9月26日，冶晓燕549。吐鲁坪，海拔2850m，2019年8月3日，刘金喜184。

美洲木耳

Auricularia americana Parmasto & I. Parmasto ex Audet, Boulet & Sirard 2003

分类地位 伞菌纲Agaricomycetes/木耳目Auriculariales/木耳科Auriculariaceae

形态特征 担子果小至中型，宽可达8cm，厚0.1~0.3mm，耳状或杯状，无柄；新鲜时胶质，不透明，边缘整齐，偶有浅裂。子实层面光滑，酒红色至红褐色，干后呈深褐色至黑色；不孕面覆浅褐色柔毛，干后略带灰白色。担子棒状，具3横隔。担孢子腊肠状，（14~16.5）μm×（4~5.5）μm，无色，薄壁，光滑。

生　境 夏秋季单生或群生于松科植物的腐木上。

引证标本 淌沟站棚子沟，海拔2000m，2020年10月2日，朱学泰4132。

讨　论 虽被命名为美洲木耳，但在亚洲和欧洲也有广泛分布，是连城地区很受欢迎的野生食用菌。

焰 耳

Guepinia helvelloides (DC.) Fr. 1828

别 名 胶勺

分类地位 伞菌纲Agaricomycetes/木耳目Auriculariales/所属科待定

形态特征 担子果小至中型，高3~8cm，宽2~6cm，匙形或近漏斗状，柄部半开裂呈管状；边缘卷曲，后期呈波状；胶质；浅土红色、橙色、橙红色或橙褐红色。子实层面近平滑，或有皱状，内侧表面被白色粉末状鳞片。担子倒卵形，纵分裂成4部分，细长，（14~20）μm×（10~11）μm。担孢子宽椭圆形，（9.5~12.5）μm×（4.5~7.5）μm，光滑，无色。

生 境 夏秋季在针叶林或针阔叶混交林中地上散生或群生。

引证标本 大吐鲁沟，海拔2450m，2019年8月2日，朱学泰3238。小吐鲁沟，海拔2720m，2020年8月10日，冶晓燕887。竹林沟，海拔2500m，2020年8月11日，冶晓燕904；竹林沟，海拔2500m，2020年8月11日，朱学泰4013；竹林沟，海拔2500m，2020年10月5日，冶晓燕1038；竹林沟，海拔2500m，2020年10月5日，张国晴214；竹林沟，海拔2500m，2020年10月5日，杜璠119。

讨 论 可食用。

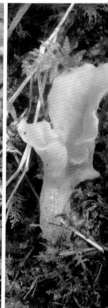

绒盖美柄牛肝菌

Caloboletus panniformis (Taneyama & Har. Takah.) Vizzini 2014

分类地位 伞菌纲Agaricomycetes/牛肝菌目Boletales/牛肝菌科Boletaceae

形态特征 担子果中至大型。菌盖直径6~12cm，半球形至扁半球形；表面密被灰褐色、褐色至红褐色的毡状至绒状鳞片，边缘稍延生内卷。菌肉黄色至淡黄色，受伤后渐变蓝色，味苦。菌管及孔口初期米色，成熟后黄色至污黄色，伤后快速变蓝色。菌柄圆柱形，向下渐粗，长7~12cm，粗2~3cm，顶部鲜黄色，中下部红色，密被红色至红褐色粉粒状鳞片，上半部有时具网纹。担孢子近梭形，（11~16）μm×（4~6）μm，光滑，淡黄色。

生　境 夏秋季生于针叶林或针阔混交林中地上。

引证标本 竹林沟，海拔2500m，2018年7月14日，朱学泰2344；竹林沟，海拔2500m，2020年8月11日，朱学泰4023。

探　讨 有毒，不可食用。

异色疣柄牛肝菌
Leccinum versipelle (Fr. & Hök) Snell 1944

分类地位 伞菌纲Agaricomycetes/牛肝菌目Boletales/牛肝菌科Boletaceae

形态特征 担子果中至大型。菌盖直径5～15cm，幼时半球形，成熟后扁半球形至近平展；表面具微绒毛，湿时稍黏，土褐色至暗褐色。菌肉厚，白色，伤后稍带粉色调，有菌香气味；菌管污白色、污黄色，孔口白色至灰色，致密。菌柄圆柱形至近棒状，基部渐粗，长8～15cm，粗1.5～2.5cm，污白色，密布黑褐色疣状鳞片，中实。担孢子近梭形，（14～16）μm×（4.5～6）μm，光滑，淡橄榄褐色。

生　境 夏秋季单生或群生于阔叶林中地上。

引证标本 竹林沟，海拔2600m，2019年9月27日，刘金喜681；竹林沟，海拔2600m，2020年8月11日，张国晴91。大吐鲁沟，海拔2550m，2020年8月10日，杜璠48；大吐鲁沟，海拔2550m，2020年8月10日，杜璠49。小吐鲁沟，海拔2720m，2020年8月10日，冶晓燕893。小岗子沟，海拔2420m，2019年8月1日，朱学泰3208。

垂边疣柄牛肝菌

Leccinum vulpinum Watling 1961

分类地位 伞菌纲Agaricomycetes/牛肝菌目Boletales/牛肝菌科Boletaceae

形态特征 担子果中至大型。菌盖直径5～10cm，幼时半球形，后渐伸展成扁半球形，边缘明显延生并内卷；表面粗糙，密覆微绒毛，橘黄色至土红褐色。菌肉厚，污白色，受伤后先变淡红褐色，后变淡褐色至淡紫灰褐色。菌管污白色至浅粉褐色，孔口与管同色，孔径约0.5mm。菌柄圆柱形，粗壮，基部渐粗，长7～15cm，粗1.5～3cm，污白色，覆疣点状鳞片；鳞片幼时污白色，成熟后变黑褐色，中实。担孢子近纺锤形，（11～15.5）μm×（3.5～4.5）μm，光滑，淡橄榄褐色。

生　境 夏秋季生于林中地上。

引证标本 淌沟保护站轱辘沟，海拔2230m，2019年8月4日，刘金喜206；淌沟保护站轱辘沟，海拔2230m，2011年9月13日，蒋长生10。

红网牛肝菌近似种

Suillellus aff. *luridus* (Schaeff.) Murrill 1909

分类地位 伞菌纲Agaricomycetes/牛肝菌目Boletales/牛肝菌科Boletaceae

形态特征 担子果中至大型。菌盖直径6～15cm，幼时半球形，后渐伸展成扁半球形至完全平展，过熟后有时边缘反卷；表面粗糙，密覆微绒毛，暗黄褐色至锈褐色。菌肉厚，污白色，受伤后迅速变蓝黑色，后变淡蓝色。菌管黄色至浅黄褐色，管孔密集，孔口初期与管同色，后变红褐色；受伤变色情况同菌肉。菌柄圆柱形，粗壮，基部渐粗，长5～10cm，粗1.5～4cm，褐红色中下部密覆红褐色鳞片，有时具纵向棱纹，有时形成网纹；中实；菌柄菌肉幼嫩时颜色及变色情况同菌盖菌肉，过熟时为红褐色。担孢子宽椭圆形至近纺锤形，（11～15）μm×（4.5～6.5）μm，光滑，淡橄榄褐色。

生 境 夏秋季单生或散生于云杉林中地上。

引证标本 大吐鲁沟，海拔2550m，2020年8月10日，杜璠53；相同时间和地点，张国晴66。小吐鲁沟，海拔2720m，2020年8月10日，冶晓燕869。桥头保护站小杏儿沟，海拔2400m，2020年8月9日，冶晓燕856。竹林沟，海拔2500m，2020年8月11日，冶晓燕917。

锈色绒盖牛肝菌

Xerocomus ferrugineus (Schaeff.) Alessio 1985

分类地位 伞菌纲Agaricomycetes/牛肝菌目Boletales/牛肝菌科Boletaceae

形态特征 担子果中至大型。菌盖直径4~9cm，凸镜形至平展；表面浅棕褐色、锈褐色至肉桂色，毡毛状或覆颗粒状小鳞片，干燥时常开裂。菌肉白色至污白色，伤后不变蓝色。子实层直生或凹生，黄色至橄榄黄色；管口角形，复孔，口径0.1~0.3cm，与管同色；菌管受伤后渐变蓝色，久置后变浅褐色。菌柄近圆柱形，长3~5cm，粗0.5~1.2cm，浅黄褐色至棕色鳞片，密覆粉末状小鳞片；基部菌丝污白色至浅黄褐色；柄部菌肉幼时污白色，成熟后浅褐色。担孢子长椭圆形至纺锤形，（12.5~14）μm×（4~5.5）μm，浅橄榄褐色，光滑。

生　境 夏秋季单生于林中地上。

引证标本 竹林沟，海拔2550m，2020年8月11日，冶晓燕918。

黏铆钉菇
Gomphidius glutinosus (Schaeff.) Fr. 1838

分类地位 伞菌纲Agaricomycetes/牛肝菌目Boletales/铆钉菇科Gomphidiaceae

形态特征 担子果中至大型。菌盖直径7～10cm，初期凸镜形，成熟后渐平展，中央常凹陷；表面灰紫色、淡褐色至褐色，常胶黏。菌肉较厚，污白色至浅褐色。菌褶较稀，幼时污白色，成熟后变为淡褐色。菌柄圆柱形，长8～12cm，粗1～2cm，污白色，菌环上位，易脱落；基部亮黄色；菌柄菌肉淡黄色至淡黄褐色。担孢子椭圆形，（15～22）μm×（6～7）μm，光滑，淡灰褐色。

生　境 夏秋季生于针叶林中地上。

引证标本 大吐鲁沟，海拔2600m，2020年10月3日，朱学泰4144。

讨　论 可食。

金黄拟蜡伞

Hygrophoropsis aurantiaca (Wulfen) Maire 1921

分类地位 伞菌纲Agaricomycetes/牛肝菌目Boletales/拟蜡伞科Hygrophoropsidaceae

形态特征 担子果小至中型。菌盖直径2~7cm，扁平，中央常下凹，盖缘常内卷；表面橘红色至黄褐色，中部色较深，被同色绒状鳞片。菌肉稍厚，淡黄色。菌褶延生，密集，较厚辐窄，有横脉，橘黄色至橘红色，褶缘钝。菌柄圆柱形，长3~6cm，粗0.3~0.8cm，与菌盖同色或稍浅，覆纤丝状鳞片。担孢子椭圆形至长椭圆形，（6~8）μm×（4~5.5）μm，光滑，淡黄色。

生　境 夏秋季生于林中地上。

引证标本 竹林沟，海拔2500m，2020年8月11日，张国晴101。

褐环乳牛肝菌

Suillus luteus (L.) Roussel 1796

分类地位　伞菌纲Agaricomycetes/牛肝菌目Boletales/乳牛肝菌科Suillaceae

形态特征　担子果中至大型。菌盖直径5~15cm，初期半球形，后近平展，中央稍钝凸；表面灰褐色、黄褐色至红褐色或肉桂色，过熟后色变暗褐色，平滑，有光泽，湿时黏。菌肉柔软，常水渍状，幼时白色，成熟后淡柠檬黄色，伤不变色，味柔和。子实层体直生至凹生，米黄色、芥黄色至黄褐色；孔口角形，排列致密。菌柄近圆柱形，基部稍膨大，长4~7cm，粗0.5~2cm。菌环以上黄色，覆细小褐色颗粒，菌环以下浅褐色，中实；菌环上位，膜质，薄，褐色，易脱落。担孢子长椭圆形或近纺锤形，（7.5~9）μm×（3~4）μm，光滑，浅黄褐色。

生　境　夏秋季群生于松林或混交林中地上。

引证标本　桥头保护站小杏儿沟，海拔2380m，2019年9月25日，景雪梅399；桥头保护站小杏儿沟，海拔2380m，2019年9月25日，刘金喜605。

讨　论　可食。与松科植物形成外生菌根。

灰环乳牛肝菌

Suillus viscidus (L.) Roussel 1796

分类地位 伞菌纲Agaricomycetes/牛肝菌目Boletales/乳牛肝菌科Suillaceae

形态特征 担子果中至大型，菌盖直径4～9cm，初半球形，后凸镜形至近平展，中央稍钝突；表面黏，污白色至浅灰褐色，具褐色易脱落块状鳞片，边缘稍内卷。菌肉乳白色，较厚，近柄处受伤后稍变绿色。子实层体直生至延生，初期白色，后渐变为灰白色至浅灰褐色；孔口角形，放射状排列，致密，与菌管同色，伤后稍变灰绿色。菌柄圆柱形，基部稍膨大，长5～7cm，粗1～2cm；菌环以上污白色，菌环以下灰褐色至黄褐色，覆丝膜状鳞片，中实；菌柄菌肉颜色及变色情况同菌盖菌肉。菌环上位，膜质，易脱落。担孢子长椭圆形，（11～14）μm×（4.5～6）μm，光滑，淡黄色。

生 境 夏秋季单生或群生于针阔混交林中地上。

引证标本 竹林沟，海拔2550m，2019年9月27日，冶晓燕577；竹林沟，海拔2550m，2019年9月27日，景雪梅493；竹林沟，海拔2550m，2019年9月27日，刘金喜671；竹林沟，海拔2550m，2020年8月11日，张国晴78。

讨 论 可食。

灰锁瑚菌

Clavulina cinerea (Bull.) J. Schröt. 1888

分类地位 伞菌纲Agaricomycetes/鸡油菌目Cantharellales/齿菌科Hydnaceae

形态特征 担子果小型，帚状或珊瑚状，高2～5cm，宽1～4cm，不规则分枝，主枝白色或米黄色，成熟时灰色或灰褐色，有时具紫色调，表面光滑或有皱纹；枝顶齿状或锥状，色较浅。菌柄白色至灰褐色。担孢子球形至近球形，（7.5～8.5）μm×（7～8）μm，无色，光滑。

生　境 夏秋季群生或丛生于阔叶林中地上。

引证标本 竹林沟，海拔2550m，2019年9月27日，刘金喜662；竹林沟，海拔2550m，2019年9月27日，2020年10月5日，杜璠110。

皱锁瑚菌

Clavulina rugosa (Bull.) J. Schröt. 1888

分类地位 伞菌纲Agaricomycetes/鸡油菌目Cantharellales/齿菌科Hydnaceae

形态特征 担子果小到中型，高3~8cm，宽0.6~3cm，中下部通常不分枝，顶部1~2次不规则分枝；白色至米黄色，表面常多皱，枝顶常呈小尖状，白色，成熟时变为黄色。担孢子宽椭圆形至近球形，（9~11）μm×（8~10）μm，无色，光滑。

生　境 夏秋季群生或丛生于阔叶林中地上。

引证标本 淌沟保护站棚子沟，海拔1950m，2020年10月2日，朱学泰4130；淌沟保护站棚子沟，海拔1950m，2020年10月2日，张国晴147。吐鲁坪，海拔2900m，2019年8月3日，朱学泰3259；吐鲁坪，海拔2900m，2019年8月3日，冶晓燕130。竹林沟，海拔2500m，2020年8月11日，朱学泰4021。桥头保护站小杏儿沟，海拔2380m，2019年9月25日，景雪梅394。

变红齿菌

Hydnum rufescens Pers. 1800

分类地位　伞菌纲Agaricomycetes/鸡油菌目Cantharellales/齿菌科Hydnaceae

形态特征　担子果小型。菌盖直径3～5cm，扁半球形近稍平展，有时中部稍凹；表面光滑，浅橘黄色至橘褐色，边缘色较浅；盖缘常内卷，成熟后常波状。菌肉稍厚，浅黄色。子实层锐齿状，浅黄色。菌柄近圆柱形，长4～6cm，粗0.7～1.2cm，与菌盖同色或色稍浅，中上部覆颗粒状鳞片。担孢子宽卵圆形至近球形，（8～10）μm×（6～7）μm，无色，光滑。

生　境　夏秋季散生或群生于冷杉、云杉等针叶林中地上。

引证标本　大吐鲁沟，海拔2600m，2020年8月10日，杜璠52；大吐鲁沟，海拔2600m，2010年8月23日，蒋长生09。

黑毛地星

Geastrum melanocephalum (Czern.) V. J. Staněk 1956

分类地位　伞菌纲Agaricomycetes/地星目Geastrales/地星科Geastraceae

形态特征　担子果小至中型。幼时扁球形至卵形，（4.5~6.0）cm×（3.5~4.5）cm，顶部有乳突，表面较平滑，棕黄色至污褐色。成熟后外包被开裂，形成5~8瓣；裂片宽、渐尖，常反卷；内包被直径3~4.5cm，近球形至梨形，黄褐色至暗灰褐色；顶部孔口圆锥形。无柄。担孢子球形或近球形，（5~6）μm×（4~4.5）μm，浅黑棕色，具微疣突。

生　境　夏秋季生于云杉林中地上。

引证标本　淌沟保护站棚子沟，海拔2000m，2019年9月28日，景雪梅560；淌沟保护站棚子沟，海拔2000m，2020年10月2日，朱学泰4114。桥头保护站细沟，海拔2330m，2019年9月26日，刘金喜628；桥头保护站细沟，海拔2330m，2019年9月26日，冶晓燕539。桥头保护站小杏儿沟，海拔2380m，2019年9月25日，刘金喜571；桥头保护站小杏儿沟，海拔2380m，2019年9月25日，刘金喜615；桥头保护站小杏儿沟，海拔2380m，2019年9月25日，景雪梅413。大吐鲁沟，海拔2325m，2018年7月16日，朱学泰2395；大吐鲁沟，海拔2325m，2019年8月2日，刘金喜153。淌沟保护站轱辘沟，海拔2210m，2019年8月4日，刘金喜214。竹林沟，海拔2550m，2020年8月11日，冶晓燕922；竹林沟，海拔2550m，2020年8月11日，张国晴94。民乐保护站长沟，2020年8月12日，冶晓燕938。吐鲁坪，海拔2900m，2019年8月3日，朱学泰3269。

篦齿地星

Geastrum pectinatum Pers. 1801

分类地位 伞菌纲Agaricomycetes/地星目Geastrales/地星科Geastraceae

形态特征 担子果小至中型。幼时近球形，直径1.5～3cm。成熟时外包被上部开裂形成5～8瓣裂片；裂片狭窄，水平展开，或向外反卷，较厚，暗栗色、污褐色至黑色。内包被直径1.2～2.5cm，近球形至梨形，暗烟色至暗褐色；顶部嘴明显，狭圆锥形，高5～8mm，具篦齿形的细褶皱；内包被具0.4～0.7cm长的短柄。担孢子球形或近球形，（7～8.5）μm×（6～7）μm，浅褐色，具柱状小疣。

生　境 夏秋季单生或群生于林中地上。

引证标本 竹林沟，海拔2550m，2018年7月14日，朱学泰2365。淌沟保护站棚子沟，海拔2200m，2019年9月28日，刘金喜738。

讨　论 可药用。

星状弹球菌

Sphaerobolus stellatus Tode 1790

分类地位 伞菌纲Agaricomycetes/地星目Geastrales/地星科Geastraceae

形态特征 担子果很小，球形，直径0.15～0.2mm，新鲜时浅黄色，干时污白色，着生于菌丝垫上。包被上部星状开裂，形成6～8个裂瓣；小包直径约1mm，球形，光滑，浅黄褐色，后期变黑色，具光泽，内含有大量混埋于黏液中的担孢子。担孢子宽卵形至近球形，（7～13）μm×（5～8.5）μm，无色，光滑。

生　境 夏秋季群生于腐木或食草动物粪便等表面。

引证标本 小吐鲁沟，海拔2720m，2020年8月10日，朱学泰3992。

冷杉暗锁瑚菌

Phaeoclavulina abietina (Pers.) Giachini 2011

> **别　名**　松针菌

> **分类地位**　伞菌纲Agaricomycetes/钉菇目Gomphales/钉菇科Gomphaceae

> **形态特征**　担子果小至中型，高4~7cm，宽3~5cm，珊瑚状。柄长0.5~1.5cm，粗1~2cm，较粗壮，基部菌丝白色。向上二叉分枝或多歧分枝，分枝3~5回，黄色至黄褐色，伤后变蓝绿色。担孢子卵圆形至泪滴形，（7~9）μm×（3.5~4.5）μm，无色，有小尖疣。

> **生　境**　单生或丛生于针叶林的落叶层上。

> **引证标本**　苏都沟，2018年8月2日，朱学泰3223；大吐鲁沟，海拔2600m，2018年8月2日，朱学泰3243；吐鲁坪，海拔2900m，2019年8月3日，刘金喜198；竹林沟，海拔2550m，2019年9月27日，刘金喜685。

> **讨　论**　稍有苦味，经热水焯后可食。

细顶枝瑚菌近似种

Ramaria aff. *gracilis* (Pers.) Quél. 1888

分类地位 伞菌纲Agaricomycetes/钉菇目Gomphales/钉菇科Gomphaceae

形态特征 担子果小至中型，高3~8cm，宽2~5cm，珊瑚状。柄长2~3cm，粗0.5~2cm，较粗壮，常被细绒毛，基部菌丝白色。向上二叉分枝或多歧分枝，分枝2~4回。上部分枝短，白黄色；顶端小枝粗，2~3个齿状分枝，似鸡冠状；下部赭黄色，黄褐色。担孢子椭圆形至宽椭圆形，（5~7）μm×（3~4）μm，浅黄色，有小疣。

生　境 夏秋季成丛单生或群生于高山针叶林地上。

引证标本 小岗子沟，海拔2410m，2018年8月1日，朱学泰3217。窑洞沟，海拔2000m，2020年8月9日，朱学泰3932。竹林沟，海拔2550m，2020年8月11日，朱学泰4029；竹林沟，海拔2550m，2020年8月11日，冶晓燕897。

针拟木层孔菌

Phellinopsis conchata (Pers.) Y. C. Dai 2010

分类地位 伞菌纲Agaricomycetes/锈革孔菌目Hymenochaetales/锈革孔菌科Hymenochaetaceae

形态特征 担子果中至大型，多年生，平伏反卷，或形成明显菌盖。平伏时长达10cm，宽达4cm。形成菌盖时，外伸达6cm，宽达8cm，基部厚达1cm；表面暗灰色至黑色，具同心环沟和狭窄环带；边缘锐。菌肉木栓质，暗褐色至污褐色，厚达0.5mm。菌管古铜色至栗褐色，分层明显，长可达1cm；孔口圆形，每5~7个/mm。担孢子宽椭圆形，（5~6）μm×（4~5）μm，浅黄色，光滑。

生　境 春季至秋季生于阔叶树的活立木和倒木上。

引证标本 大吐鲁沟，海拔2550m，2018年7月16日，朱学泰2402。

讨　论 白色木腐菌；可药用。

黑木层孔菌

Phellinus igniarius (L.) Quél. 1886

分类地位 伞菌纲Agaricomycetes/锈革孔菌目Hymenochaetales/锈革孔菌科 Hymenochaetaceae

形态特征 担子果中至大型，多年生。菌盖平展，外伸达8cm，宽达13cm，基部厚达5cm；表面灰褐色至黑褐色，具窄的同心环带和沟纹，成熟后开裂；边缘锐，肉桂褐色。菌肉锈褐色，厚达4mm，木栓质至木质。子实层体表面黄褐色，孔口圆形，5~6个/mm；孔缘厚，全缘；菌管锈褐色，分层明显，长可达5cm。担孢子近球形至球形，（5.5~6.5）μm×（5~6）μm，无色，光滑。

生　　境 春季至秋季单生于桦树倒木或树桩上。

引证标本 小吐鲁沟，海拔2720m，2020年8月10日，赵怡雪44。

讨　　论 白色木腐菌；可药用。

杨生核纤孔菌

Inocutis rheades (Pers.) Fiasson & Niemelä 1984

别　名　团核纤孔菌

分类地位　伞菌纲Agaricomycetes/锈革孔菌目Hymenochaetales/锈革孔菌科 Hymenochaetaceae

形态特征　担子果一年生，无柄，覆瓦状叠生，木栓质至纤维质。菌盖平展，外伸达4cm，宽达7cm，基部厚达2cm；表面黄褐色，被粗毛，具不明显的同心环区；边缘钝。菌肉赭褐色，厚可达8mm，基部具菌核。子实层表面浅黄褐色至黑褐色；管孔多角形至圆形，2~3个/mm，管口薄，常撕裂状；菌管与菌肉同色，硬纤维质，厚达1cm。担孢子椭圆形，（5.5~7）μm×（4~4.5）μm，黄褐色，光滑。

生　境　夏季至秋季生于杨树的活立木或倒木上。

引证标本　小岗子沟，海拔2420m，2019年8月1日，朱学泰3216。

讨　论　白色木腐菌；可药用。

辐射状托盘孔菌

Mensularia radiata (Sowerby) Lázaro Ibiza 1916

异　名　辐射状纤孔菌

分类地位　伞菌纲Agaricomycetes/锈革孔菌目Hymenochaetales/锈革孔菌科Hymenochaetaceae

形态特征　担子果一年生，无柄，覆瓦状叠生，木栓质。菌盖半圆形，外伸达6cm，宽达10cm，基部厚达2cm；表面浅黄褐色至浅红褐色，初被纤细绒毛，后变光滑，具明显环纹；边缘锐，干后内卷。菌肉栗褐色，厚可达1cm。子实层表面栗褐色，管孔多角形，4~7个/mm；管口薄，常撕裂状；不育边缘明显，宽达0.4mm。菌管浅灰褐色，长可达1cm。担孢子椭圆形，（3.8~5）μm×（2.5~3.5）μm，浅黄色，光滑。

生　境　秋季生于阔叶树活立木或倒木上。

引证标本　小吐鲁沟，海拔2720m，2020年8月10日，朱学泰4001。大吐鲁沟，海拔2350m，2020年8月10日，张国晴69。

讨　论　可药用；白色木腐菌。

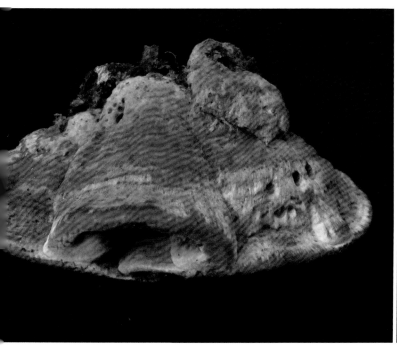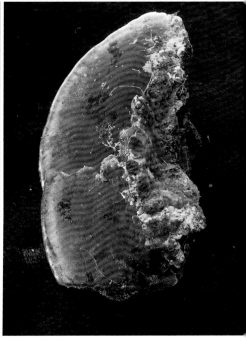

东亚木层孔菌

Phellinus orientoasiaticus L. W. Zhou & Y. C. Dai 2016

分类地位 伞菌纲Agaricomycetes/锈革孔菌目Hymenochaetales/锈革孔菌科 Hymenochaetaceae

形态特征 担子果多年生，平伏反卷，或形成菌盖后常覆瓦状叠生。菌盖半圆形至近蹄形，外伸达15cm，宽达8cm，基部厚达4cm；表面覆微绒毛或光滑，过熟后龟裂，浅灰褐色至暗褐色；盖缘钝圆。菌肉浅黄褐色，木栓质，厚达5mm，无气味和味道。子实层面灰褐色至暗黄褐色，不育边缘宽约2mm，深褐色；管孔圆形，5~7个/mm，管壁较厚，管口全缘；菌管红褐色，颜色比管口深，厚达3.5cm，分层明显，老管上常分布有白色菌索。担孢子宽椭圆形，无色，光滑，（4.5~5.5）μm×（3.5~4.5）μm。

生　境 春季至秋季生于倒木或树桩上。

引证标本 窑洞沟，海拔2000m，2020年8月9日，朱学泰3935。

杨锐孔菌

Oxyporus populinus (Schumach.) Donk 1933

分类地位 伞菌纲Agaricomycetes/锈革孔菌目Hymenochaetales/锐孔菌科 Oxyporaceae

形态特征 担子果多年生，无柄，覆瓦状叠生，木栓质。菌盖半圆形，外伸达10cm，宽达15cm，厚可达3cm；表面初期白色至浅黄色，后期灰黄色；边缘锐，乳白色。菌肉奶油色至浅棕黄色，厚达1cm。子实层表面新鲜时乳白色至奶油色，干后浅黄色；管孔圆形，6~8个/mm；管口边缘薄，全缘。不育边缘乳白色，宽约2mm；菌管长可达6cm，与管孔同色，分层明显，层间具菌肉层。担孢子近球形或卵圆形，（3~4）μm×（3~3.5）μm，无色，光滑。

生　境 春季至秋季生于阔叶树腐木上。

引证标本 小岗子沟，海拔2420m，2019年8月1日，刘金喜137。桥头保护站细沟，海拔2340m，2019年9月26日，刘金喜641。

讨　论 白色木腐菌。

普氏拟鸡油菌

Cantharellopsis prescotii (Weinm.) Kuyper 1986

分类地位 伞菌纲Agaricomycetes/锈革孔菌目Hymenochaetales/科待定

形态特征 担子果小型。菌盖直径1~3cm，平展，中央常下凹，边缘常不规则卷曲；表面近光滑，幼时蛋壳色，成熟后呈污白色至浅灰褐色。菌肉很薄，白色。菌褶延生，稀疏，辐窄，不等长，白色，过熟后浅黄色。菌柄近圆柱形，纤细，长3~6cm，粗0.1~0.3cm，白色，光滑，有时水渍状，基部菌丝白色。担孢子椭圆形，（4.5~6.5）μm×（2.5~4）μm，无色，光滑。

生　境 秋季生于针叶林中腐殖质上。

引证标本 淌沟保护站棚子沟，海拔1980m，2020年10月2日，朱学泰4129。桥头保护站小杏儿沟，海拔2400m，2019年9月25日，景雪梅418。大吐鲁沟，海拔2350m，2019年8月2日，冶晓燕105；大吐鲁沟，海拔2350m，2020年10月3日，张国晴175。

囊孔附毛菌

Trichaptum biforme (Fr.) Ryvarden 1972

分类地位 伞菌纲Agaricomycetes/锈革孔菌目Hymenochaetales/科待定

形态特征 担子果一年至多年生，无柄，覆瓦状叠生，革质。菌盖半圆形或扇形，外伸达6cm，宽达5cm，厚可达0.3cm；表面常覆微绒毛，具同心环带，中央灰褐色，边缘浅灰色，稍带粉紫色调；边缘锐，污白色。菌肉污白色，韧。子实层表面淡紫褐色，后变暗褐色，边缘色浅；管孔初期近圆形，2～5个/mm，成熟后变齿状。担孢子长椭圆形至圆柱形，（6～8）μm×（2～2.5）μm，无色，光滑。

生　境 夏秋季生于林中腐木上。

引证标本 竹林沟，海拔2500m，2018年7月14日，朱学泰2354。

球盖柄笼头菌

Simblum sphaerocephalum Schltdl. 1862

分类地位 伞菌纲Agaricomycetes/鬼笔目Phallales/鬼笔科Phallaceae

形态特征 担子果小至中型，棒状，高8~10cm。头部近球形，直径2~4cm，表面窗格状，10~12个格，格径0.4~1cm，窗格污白色至浅橙黄色。子实层位于窗格内侧，黏稠状，红褐色至暗褐色，具浓烈粪臭气味。菌柄圆柱形，长5~7cm，粗1.5~2.5cm，白色，或稍带红色调，海绵状，中空；基部具白色菌托，高2.5~3.5cm，宽2~3cm。担孢子椭圆形，（4.5~5）μm×（2~2.5）μm，光滑，无色。

生　境 夏秋季散生于林中或林缘地上。

引证标本 淌沟保护站轱辘沟，海拔2110m，2017年7月18日，姜希兵01。

雪白干皮菌

Skeletocutis nivea (Jungh.) Jean Keller 1979

分类地位 伞菌纲Agaricomycetes/多孔菌目Polyporales/结晶伏孔菌科Incrustoporiaceae

形态特征 担子果小型，一年生，平伏反卷，或形成菌盖。菌盖半圆形到长条形，单生或覆瓦状，外伸达2cm，宽达4cm，厚达0.5cm；表面白色，干后灰白色、淡黄色或稍带褐色，常有细绒毛，近着生基部色深。菌肉白色，较薄。子实层面白色、灰白色至淡黄色；管孔圆形或多角形，6~8个/mm；菌管短，白色至淡黄色，孔口薄而完整。担孢子腊肠形，（3.5~5）μm×（1~1.5）μm，无色，光滑。

生　境 夏秋季生于阔叶林中腐木上。

引证标本 小岗子沟，海拔2430m，2019年8月1日，朱学泰3190；小岗子沟，海拔2430m，2019年8月1日，朱学泰3184。大吐鲁沟，海拔2400m，2018年7月16日，朱学泰2408。

讨　论 白色木腐菌。

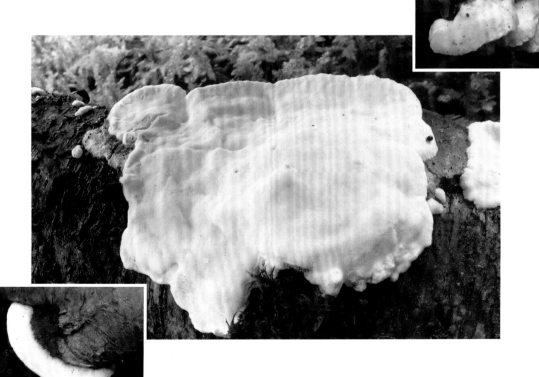

革棉絮干朽菌

Byssomerulius corium (Pers.) Parmasto 1967

分类地位 伞菌纲Agaricomycetes/多孔菌目Polyporales/耙齿菌科Irpicaceae

形态特征 担子果小型，一年生，平伏，或反卷形成菌盖。平伏时椭圆形至圆形，长达3cm，宽达2cm。菌盖外伸达2cm，宽达3cm；表面新鲜时奶油色，具微绒毛，韧革质，干后粗糙，浅黄色，具环纹。菌肉薄，白色。子实层表面新鲜时乳白色，光滑，过熟后锈黄色，形成不规则瘤突；边缘颜色较浅；管口不整齐，呈不规则齿状。担孢子长椭圆形至近圆柱形，（5~6）μm×（2~3）μm，无色，光滑。

生　境 夏秋季生于阔叶林的倒木或落枝上。

引证标本 小吐鲁沟，海拔2730m，2020年8月10日，朱学泰3976。

变形多孔菌

Cerioporus varius (Pers.) Zmitr. & Kovalenko 2016

分类地位　伞菌纲Agaricomycetes/多孔菌目Polyporales/耙齿菌科Irpicaceae

形态特征　担子果中至大型，一年生。菌盖直径3～10cm，圆形或近扇形，稍平展，近基部处下凹；表面近平滑，浅褐黄色至栗褐色，边缘薄，呈波浪状或瓣状开裂。菌肉白色至污白色，稍厚，革质。子实层面浅黄色至黄褐色，管孔圆形至多角形，4～6个/mm；管口薄，全缘。菌管稍延生，长2～4mm，与管面同色。菌柄侧生或偏生，不规则棒状，长1～4cm，粗0.5～1.5cm，黑色，有微绒毛，成熟后变光滑。担孢子近圆柱形，（7.5～9.5）μm×（2.5～3.5）μm，无色，光滑。

生　境　夏秋季生于阔叶林中腐木上。

引证标本　吐鲁坪，海拔2900m，2019年8月3日，冶晓燕124。大吐鲁沟，海拔2500m，2018年7月16日，朱学泰2413。小岗子沟，海拔2420m，2019年8月1日，刘金喜131。苏都沟，海拔2200m，2019年8月2日，朱学泰3226。

讨　论　此前一直被置于多孔菌属*Polyporus*中，近年有学者根据分子系统学研究结果，将其并入*Cerioporus*属。

粗糙拟迷孔菌

Daedaleopsis confragosa (Bolton) J. Schröt. 1888

分类地位 伞菌纲Agaricomycetes/多孔菌目Polyporales/耙齿菌科Irpicaceae

形态特征 担子果小至中型，一年生，半圆形或近扇形，无柄，木栓质。菌盖外伸达7cm，宽达12cm，近基部厚达2cm；表面污白色至浅黄色，过熟后呈褐色，初期有细绒毛，后变光滑，具同心环纹和放射状纵条纹，有时具小疣；边缘薄而锐。菌肉白色至浅褐色，稍厚。子实层体迷路状，管口浅褐色至暗褐色，菌管与管口同色。担孢子近腊肠形，（6~8）μm×（1.5~2）μm，光滑，无色。

生 境 夏秋季生于阔叶林中立木或倒木上。

引证标本 大吐鲁沟，海拔2450m，2020年10月3日，朱学泰4151。

讨 论 白色木腐菌。

拟蓝孔菌

Cyanosporus caesiosimulans (G. F. Atk.) B. K. Cui & Shun Liu 2021

分类地位 伞菌纲Agaricomycetes/多孔菌目Polyporales/多孔菌科Polyporaceae

形态特征 担子果小至中型，平伏反卷，或形成贝壳状菌盖。菌盖表面初白色至污白色，后变灰色至浅灰褐色，有时具浅蓝色小斑点或微弱的环带。菌肉薄，1~3mm，白色。子实层体管状，表面白色至污白色，过熟或干后，具有灰蓝色调；管孔多角形，5~7个/mm；菌管与管口同色，长1~3mm。担孢子近圆柱形，（4~5.5）μm×（1~1.5）μm，光滑，无色。

生　境 夏秋季生于林中倒木上。

引证标本 淌沟保护站棚子沟，海拔2000m，2020年10月2日，张国晴131。

灰蓝孔菌

Cyanosporus caesius (Schrad.) Mc Ginty 1909

分类地位 伞菌纲Agaricomycetes/多孔菌目Polyporales/多孔菌科Polyporaceae

形态特征 担子果小型，一年生，平伏反卷，或形成菌盖。菌盖扇形，外伸达2cm，宽达3cm，中央厚达1cm；表面污白色至褐色，受触碰后变暗蓝色，常被绒毛。菌肉较厚，污白色，鲜时肉质，干后近木栓质。子实层体表面白色至污白色；管孔圆形至角形，3～6个/mm；管口薄，常撕裂状。担孢子腊肠形，（4.5～6）μm×（1.5～2）μm，无色，光滑。

生 境 夏秋季生于云杉林中倒木上。

引证标本 窑洞沟，海拔2000m，2020年8月9日，张国晴26。淌沟保护站棚子沟，海拔1950m，2020年10月2日，朱学泰4124。

乌苏里齿伏革菌

Dentocorticium ussuricum (Parmasto) M. J. Larsen & Gilb. 1974

分类地位 伞菌纲Agaricomycetes/多孔菌目Polyporales/多孔菌科Polyporaceae

形态特征 担子果一年生，平伏状，形状不规则，长达10cm，宽达4cm，不易与基物分离，质地韧，边缘稍反卷。菌肉层很薄，污白色，厚约0.2mm。子实层体管状，表面凹凸不平或具齿状凸起，污白色至浅赭色；管孔圆形至多角形，5～8个/mm，管口薄，不整齐；菌管与管口同色，长约0.5mm。担孢子长椭圆形，（3～5）μm×（1.5～2）μm，光滑，无色。

生　境 夏秋季生于林中腐木表面。

引证标本 大吐鲁沟，海拔2400m，2020年10月3日，朱学泰4165。

木蹄层孔菌

Fomes fomentarius (L.) Fr. 1849

分类地位 伞菌纲Agaricomycetes/多孔菌目Polyporales/多孔菌科Polyporaceae

形态特征 担子果中至大型，多年生，马蹄形，木质。菌盖半圆形，外伸达12cm，厚可达10cm；表面灰色至灰黑色，具同心环带或浅环沟，边缘钝，色浅。菌肉淡黄褐色，厚可达5cm。子实层体管状，表面褐色；管孔圆形，3~4个/mm，管口厚，全缘；菌管浅褐色，长达5cm，分层明显，层间具白色菌丝束。担孢子圆柱形，（18~21）μm×（5~6）μm，无色，平滑。

生　境 春秋季生于阔叶树活体木和倒木上。

引证标本 大吐鲁沟，海拔2500m，2018年7月16日，朱学泰2410；大吐鲁沟，海拔2500m，2020年10月3日，杜璠83。小吐鲁沟，海拔2730m，2020年8月10日，朱学泰3980；小吐鲁沟，海拔2730m，2020年8月10日，朱学泰3987；小吐鲁沟，海拔2730m，2020年8月10日，赵怡雪45。

树舌灵芝

Ganoderma applanatum (Pers.) Pat. 1887

别　名　树舌、扁灵芝、老母菌

分类地位　伞菌纲Agaricomycetes/多孔菌目Polyporales/多孔菌科Polyporaceae

形态特征　担子果大型至特大型。菌盖半圆形，外伸达30cm，宽达50cm，基部常下延，宽厚可达10cm；表面灰色，渐变褐色，有同心环纹棱，有时有瘤状突起；边缘圆钝。菌肉浅栗褐色，有时近皮壳处暗褐色。子实层体管状，表面灰白色至淡褐色；管孔圆形，4~7个/mm，管口厚，全缘；菌管褐色，长达5cm，有时具白色菌丝束。担孢子宽椭圆形，顶部平截，（6~8.5）μm×（4.5~6）μm，具双层壁，外壁无色，平滑，内壁具小疣。

生　境　生于杨、桦、柳、栎等阔叶树的枯立木、倒木和伐桩上。

引证标本　淌沟保护站轱辘沟，海拔2220m，2019年8月4日，朱学泰3297。

讨　论　据记载可以治疗风湿性肺结核，有止痛、清热、化积、止血、化痰之功效。

漏斗多孔菌

Lentinus arcularius (Batsch) Zmitr. 2010

分类地位 伞菌纲Agaricomycetes/多孔菌目Polyporales/多孔菌科Polyporaceae

形态特征 担子果小至中型，一年生。菌盖直径3~8cm，初期扁平状，中部下凹成脐状，后期边缘平展或翘起，似漏斗状；表面褐色、黄褐色至深褐色，有深色鳞片，无环带，边缘有长毛。菌肉很薄，白色或污白色，新鲜时韧肉质，柔软，干后变硬革质。子实层体管状，菌管白色，过熟后变草黄色，延生；管孔近菱形，直径1~3mm，辐射状排列。菌柄圆柱形，中生，长2~8cm，粗0.3~0.8cm，同盖色，常覆深色鳞片，基部菌丝污白色。担孢子长椭圆形，（6.5~9）μm×（2~3）μm，无色，光滑。

生 境 夏秋季生于阔叶林中腐木上。

引证标本 大吐鲁沟，海拔2500m，2020年8月10日，张国晴39；大吐鲁沟，海拔2500m，2020年8月10日，张国晴64。小吐鲁沟，海拔2360m，2020年8月10日，朱学泰3981；小吐鲁沟，海拔2360m，2020年8月10日，赵怡雪41。窑洞沟，海拔2000m，2020年8月9日，赵怡雪4。竹林沟，海拔2450m，2020年8月11日，赵怡雪48；竹林沟，海拔2450m，2020年8月11日，赵怡雪63。

冬生多孔菌

Lentinus brumalis (Pers.) Zmitr. 2010

分类地位 伞菌纲Agaricomycetes/多孔菌目Polyporales/多孔菌科Polyporaceae

形态特征 担子果一年生，中至大型，革质。菌盖圆形，直径达9cm，中部厚达0.7cm；表面深灰色、灰褐色至黑褐色；边缘锐，黄褐色，干后内卷。菌肉乳白色，稍厚，分层。子实层体管状，表面初期奶油色，后变浅黄色；管孔圆形至多角形，3~4个/mm；孔口薄，全缘；菌管浅黄色或浅黄褐色，长可达2mm。菌柄中生或侧生，近圆柱形，长2~5cm，粗约0.5cm，黄褐色，被绒毛。担孢子圆柱形至腊肠形，（5.5~6.5）μm×（2~2.5）μm，无色，光滑。

生　境 秋季单生或散生于阔叶树上。

引证标本 大吐鲁沟，海拔2500m，2020年10月3日，朱学泰4167。

粗毛斗菇

Lentinus substrictus (Bolton) Zmitr. & Kovalenko 2016

别　名　覆毛小多孔菌

分类地位　伞菌纲Agaricomycetes/多孔菌目Polyporales/多孔菌科Polyporaceae

形态特征　担子果小型，一年生。菌盖直径3～4cm，圆形，中央下凹成脐状；表面浅棕色至土褐色，光滑或覆微绒毛。菌肉很薄，白色。子实层体管状，表面奶油色至稻草色，管孔圆形，4～6个/mm，管口薄，完整；菌管与孔口同色，长至2mm，稍延生。菌柄近圆柱形，长2～10cm，粗约0.5cm，与菌盖同色，或稍浅，覆绒毛。担孢子圆柱形，（5.5～7）μm×（2～2.5）μm，无色，光滑。

生　境　夏秋季生于云杉林中腐木上。

引证标本　竹林沟，海拔2480m，2018年7月14日，朱学泰2359；竹林沟，海拔2480m，2018年7月14日，朱学泰2361。

桦褶孔菌

Lenzites betulinus (L.) Fr. 1838

分类地位 伞菌纲Agaricomycetes/多孔菌目Polyporales/多孔菌科Polyporaceae

形态特征 担子果中至大型，一年生，半圆形至扇形。菌盖外伸可达5cm，宽达8cm，基部厚达1.5cm；表面污白色至浅灰褐色，具同心环带，被粗绒毛；边缘薄，色浅。菌肉较薄，浅黄色。子实层体褶状，初期奶油色，后变浅黄褐色至浅褐色；菌褶较厚，密集，不等长。担孢子长椭圆形至腊肠形，（4.5~5.5）μm×（1.5~2）μm，无色，光滑。

生　境 夏秋季覆瓦状群生于阔叶树及针叶树的腐木上。

引证标本 小吐鲁沟，海拔2720m，2019年8月2日，冶晓燕111。

讨　论 据记载有追风、散寒、舒筋、活络的功效，可用于腰腿疼痛、手足麻木、筋络不舒、四肢抽搐等病症。

亚黑柄多孔菌

Picipes submelanopus (H. J. Xue & L. W. Zhou) J. L. Zhou & B. K. Cui 2016

分类地位 伞菌纲Agaricomycetes/多孔菌目Polyporales/多孔菌科Polyporaceae

形态特征 担子果中至大型，一年生。菌盖直径5~8cm，中央下凹、边缘内卷而呈近漏斗状；表面棕黄色至鼠灰色，光滑；盖缘锐，常开裂。菌肉较厚，白色至奶油色。子实层体管状，表面污白色至稻草色，管孔圆形至多角形，2~3个/mm，管口薄，全缘或撕裂；菌管与孔口同色，长约2mm。担孢子长椭圆形至圆柱形，（7.5~8.5）μm×（3.5~4.5）μm，无色，光滑。

生境 夏秋季生于云杉林埋于地下的腐木上。

引证标本 竹林沟，海拔2500m，2020年8月11日，朱学泰4019。

猪苓多孔菌

Polyporus umbellatus (Pers.) Fr. 1821

别　名　猪苓

分类地位　伞菌纲Agaricomycetes/多孔菌目Polyporales/多孔菌科Polyporaceae

形态特征　子实体一年生。总菌柄自地下菌核生出，形成众多分枝，末端生菌盖，一丛直径可达40cm。菌盖直径1~4cm，圆形，中部下凹近漏斗形，边缘内卷；表面白色至浅褐色、褐色，被细鳞片。菌肉白色，较薄。子实层体管状，表面白色，干后草黄色；管孔圆形或撕裂呈不规则齿状，2~4个/mm；菌管延生，长约1mm，与管孔同色。担孢子近圆筒形，（9~11）μm×（3.5~4.5）μm，无色，光滑。

生　境　夏秋季生阔叶林中地上或腐木桩旁。

引证标本　桥头保护站福儿沟，海拔2100m，2011年9月，蒋长生05。

讨　论　子实体幼嫩时可食用，味道鲜美；地下菌核是著名中药，含猪苓多糖，有利尿、治水肿之功效。

鲜红密孔菌

Pycnoporus cinnabarinus (Jacq.) P. Karst. 1881

别 名 朱红密孔菌

分类地位 伞菌纲Agaricomycetes/多孔菌目Polyporales/多孔菌科Polyporaceae

形态特征 担子果小至中型。菌盖扇形至肾形，外伸达5cm，宽达7cm，基部厚达1cm，表面橙黄色至鲜红色，过熟后褪成淡红色至污白色，光滑，无毛，环纹不明显；盖缘锐。菌肉较薄，浅红褐色，木栓质至革质。子实层体管状，表面鲜红色，管孔近圆形，3～4个/mm，边缘稍厚，全缘；菌管长达0.4cm，与管孔同色。担孢子长椭圆形，（4～5）μm×（2～2.5）μm，无色，光滑。

生 境 夏秋群生或叠生于阔叶林中倒木上。

引证标本 小吐鲁沟，海拔2300m，2018年7月，蒋长生12。

讨 论 木材白色腐朽菌；可药用，微辛、涩，温，能清热除湿、消炎解毒、止血。

毛栓菌

Trametes hirsuta (Wulfen) Lloyd 1924

分类地位 伞菌纲Agaricomycetes/多孔菌目Polyporales/多孔菌科Polyporaceae

形态特征 担子果一年生，中至大型。菌盖半圆形，外伸达7.5cm，宽达13.5cm；表面黄白色、黄褐色或深栗褐色，密被粗绒毛，具同心环带，过熟后褪色为灰白色或浅灰褐色；盖缘薄而锐。菌肉白色至浅黄褐色，薄，木栓质。子实层体管状，表面乳白色至灰褐色；孔口多角形，2～3个/mm；菌管奶油色至浅乳黄色，长达8mm。担孢子近圆柱形，（4～6）μm×（1.8～2.2）μm，无色，光滑。

生　境 夏秋季群生或覆瓦状叠生于阔叶林中的倒木或木桩上。

引证标本 大吐鲁沟，海拔2550m，2020年10月3日，朱学泰4139。

讨　论 可药用；白色木腐菌。

赭栓孔菌

Trametes ochracea (Pers.) Gilb. & Ryvarden 1987

分类地位 伞菌纲Agaricomycetes/多孔菌目Polyporales/多孔菌科Polyporaceae

形态特征 担子果一年生，小至中型。菌盖半圆形或扇形，外伸达3cm，宽达4cm，中部厚达1.5cm；表面奶油色至红褐色，具同心环带；边缘钝，奶油色。菌肉乳白色，韧革质，厚达1cm。子实层体管状，表面奶油色至灰褐色；管孔圆形，3~5个/mm；孔口壁厚，全缘；不育边缘明显，宽约2mm；菌管与孔口同色，长可达5mm。担孢子圆柱形，（5.5~6.5）μm×（2~2.5）μm，无色，光滑。

生　境 夏秋季覆瓦状叠生于阔叶林中腐木上。

引证标本 大有保护站，海拔2700m，2020年10月4日，张国晴200。

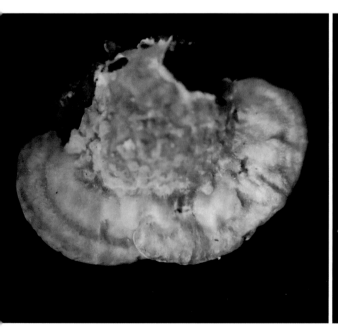
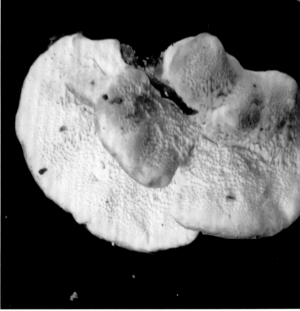

香栓菌

Trametes suaveolens (L.) Fr. 1838

分类地位 伞菌纲Agaricomycetes/多孔菌目Polyporales/多孔菌科Polyporaceae

形态特征 担子果一年生，中至大型，垫状，或形成半圆形菌盖。菌盖外伸达9cm，宽达16cm；表面白色、浅灰色、浅黄白色或浅黄褐色，有时具同心环带，初被细绒毛，后近光滑；边缘钝。菌肉乳白色，新鲜时软木栓质，有浓香气味，干时坚硬。子实层体管状，表面白色或灰白色；管孔圆形至多角形，1~3个/mm；菌管奶油色至浅乳黄色，长可达10mm。担孢子圆柱形，（6.5~9）μm×（3~4.5）μm，无色，光滑。

生　境 夏秋季单生或散生于阔叶林中的立木、倒木或树桩上。

引证标本 大吐鲁沟，海拔2350m，2020年8月10日，杜璠39。吐鲁坪，海拔2900m，2019年8月3日，朱学泰3263；吐鲁坪，海拔2900m，2019年8月3日，朱学泰3285。小吐鲁沟，海拔2715m，2020年8月10日，朱学泰3984。

讨　论 白色木腐菌。

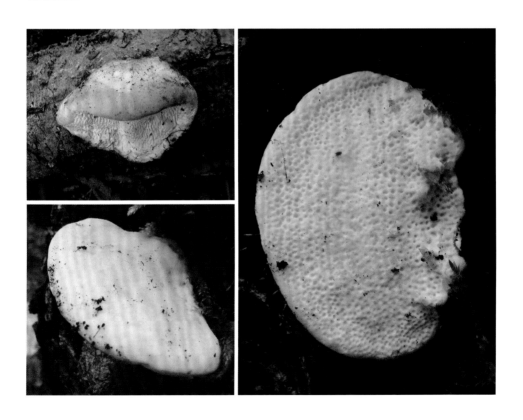

云 芝

Trametes versicolor (L.) Lloyd 1921

别 名 彩绒革盖菌、杂色云芝、彩绒菌、瓦菌

分类地位 伞菌纲Agaricomycetes/多孔菌目Polyporales/多孔菌科Polyporaceae

形态特征 担子果小型，覆瓦状或莲座状排列。菌盖半圆形至贝壳状，外伸达4cm，宽达7cm，厚约0.2cm；表面颜色变化多样，淡黄色、棕黄色、黄褐色、红褐色、紫灰色或紫褐色，覆长绒毛，具明显同心环带，边沿较薄，呈波浪状。菌肉薄，白色，新鲜时革质，干后变木栓质。子实层体管状，表面奶油色至烟灰色；管孔近圆形至多角形，4~5个/mm；孔口幼时全缘整齐，后变撕裂状；菌管长约3mm，与孔口同色。担孢子圆柱形，（4~5.5）μm×（1.8~2.2）μm，无色，光滑。

生 境 生于多种阔叶树的腐木上。

引证标本 窑洞沟，海拔2000m，2020年8月9日，赵怡雪8；窑洞沟，海拔2000m，2020年8月9日，赵怡雪12。大吐鲁沟，海拔2400m，2018年7月16日，朱学泰2384；大吐鲁沟，海拔2400m，2018年7月16日，朱学泰2407。小岗子沟，海拔2420m，2019年8月1日，朱学泰3202。大有保护站，海拔2700m，2020年10月4日，张国晴185。桥头保护站小杏儿沟，海拔2400m，2019年9月25日，景雪梅405；桥头保护站小杏儿沟，海拔2400m，2019年9月25日，景雪梅408；桥头保护站小杏儿沟，海拔2400m，2019年9月25日，冶晓燕515。小吐鲁沟，海拔2720m，2019年8月2日，刘金喜162。桥头保护站细沟，海拔2350m，2019年9月26日，刘金喜653。

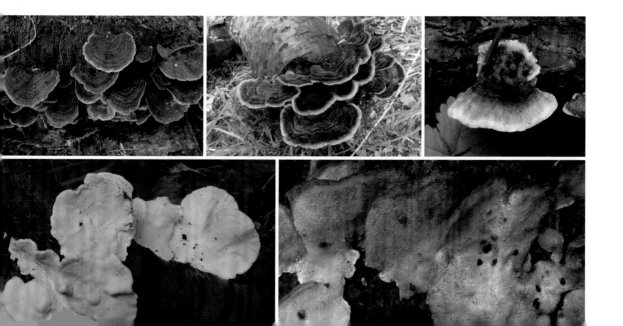

拟甲小薄孔菌

Antrodiella onychoides (Egeland) Niemelä 1982

分类地位 伞菌纲Agaricomycetes/多孔菌目Polyporales/齿耳菌科Steccherinaceae

形态特征 担子果一年生，平伏反卷，或外伸形成菌盖，平伏状态时长达5cm，宽达4cm，不易与基质分离，新鲜时韧革质，干后变木栓质。菌盖半圆形、扇形或贝壳形，外伸达3cm，宽达4cm，厚达0.5cm；表面奶油色至浅灰黄色，光滑。子实层体管状，表面奶油色至淡柠檬黄色，过熟后变浅灰褐色；管孔圆形，7~8个/mm，孔口壁薄，全缘。菌肉很薄，奶油色，木栓质；菌管与管孔同色，长约0.5mm。担孢子卵形至泪珠状，（3.5~4）μm×（1.5~2）μm，无色，光滑。

生　境 夏秋季生于林中腐枝上。

引证标本 桥头保护站小杏儿沟，海拔2400m，2020年10月6日，冶晓燕1046。小吐鲁沟，海拔2720m，2019年8月2日，刘金喜161。

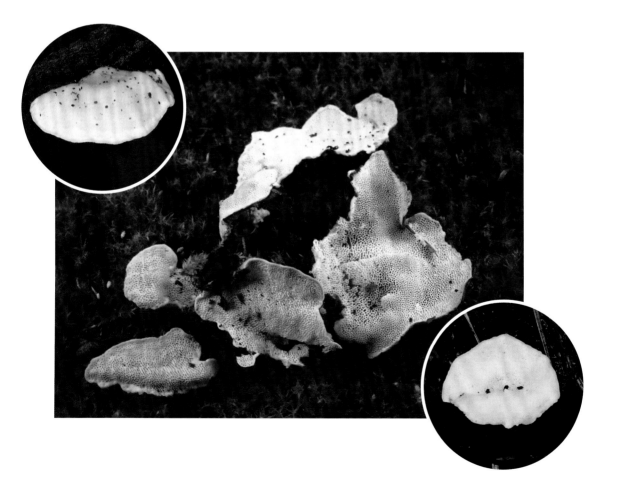

赭黄齿耳菌

Steccherinum ochraceum (Pers. ex J. F. Gmel.) Gray 1821

分类地位 伞菌纲Agaricomycetes/多孔菌目Polyporales/齿耳菌科Steccherinaceae

形态特征 担子果小型，一年生，平伏，或形成菌盖，覆瓦状叠生。菌盖半圆形或扇形，外伸达1cm，宽达3cm，厚约1mm；表面淡灰黄色，具同心环纹；盖缘锐，干时内卷。菌肉薄，具明显分层，上层疏松，黄褐色至灰褐色，下层紧实，奶油色。子实层体齿状，污白色至粉褐色；齿密集，4～6个/mm，长达2mm；不育边缘奶油色至淡黄色，宽约2mm。担孢子椭圆形，（3～4）μm×（2～2.5）μm，无色，光滑。

生　境 夏秋季生于阔叶林枯立木或枝枯上。

引证标本 窑洞沟，海拔2000m，2020年8月9日，朱学泰3936；大吐鲁沟，海拔2400m，2020年10月3日，张国晴170。

讨　论 白色木腐菌。

小孢耳匙菌

Auriscalpium microsporum P. M. Wang & Zhu L. Yang 2019

分类地位 伞菌纲Agaricomycetes/红菇目Russulales/耳匙菌科Auriscalpiaceae

形态特征 担子果小型，耳匙状。菌盖直径1~3cm，扇贝形或不规则凸镜形，与柄连接处稍凸起；盖表覆或长或短的绒毛和硬刚毛，浅褐色至暗褐色；边缘色较浅，光滑。菌肉韧革质，白色至奶油色。子实层体齿状，菌齿密集，长达3mm，污白色至浅褐色。菌柄侧生，近圆柱形，向下稍粗，长2~4cm，粗0.3~0.5cm，中空；表面暗褐色，覆绒毛和硬刚毛。担孢子宽椭圆形至近球形，（3.5~4.5）μm×（3~4）μm，无色，具小疣突。

生　境 夏秋季生于针叶林中地上。

引证标本 吐鲁坪，海拔2900m，2019年8月3日，冶晓燕145。

贝壳状小香菇
Lentinellus cochleatus (Pers.) P. Karst. 1879

别　名　螺壳状革耳、螺壳状小香菇

分类地位　伞菌纲Agaricomycetes/红菇目Russulales/耳匙菌科Auriscalpiaceae

形态特征　担子果小型至中型。菌盖直径3～6cm，贝壳状、勺状至喇叭状或漏斗状；表面茶褐色或浅黄褐色，老后褪为浅土黄色，初期覆有细毛，后变光滑；盖缘薄，具条纹，稍内卷。菌肉白色，幼时肉质，后变韧，最后近栓革或革质。菌褶延生，密，稍宽，褶缘波状或锯齿状，污白色至淡黄褐色。菌柄侧生或偏生，长2～6cm，粗0.5～1cm，同盖色，较韧，内实。担孢子宽椭圆形至近球形，（4.5～5.5）μm×（4～5）μm，无色，具小疣。

生　境　夏秋季簇生于林中倒腐木上。

引证标本　竹林沟，海拔2500m，2020年8月11日，朱学泰4054。吐鲁坪，海拔2900m，2019年8月3日，朱学泰3287；吐鲁坪，海拔2900m，2019年8月3日，冶晓燕121。小吐鲁沟，海拔2730m，2019年8月2日，冶晓燕108。

多年异担子菌

Heterobasidion sum (Fr.) Bref. 1888

分类地位 伞菌纲Agaricomycetes/红菇目Russulales/刺孢多孔菌科Bondarzewiaceae

形态特征 担子果中至大型，平伏，或形成贝壳状菌盖。菌盖外伸达10cm，宽达20cm，基部厚达2cm；表面初期蛋壳色到淡赭石色，覆微绒毛，后变光滑，呈棕灰色至暗灰色；盖缘薄而锐。菌肉较厚，近白色，木栓质。子实层体管状，表面白色至象牙色；管孔近圆形或多角形，3~4个/mm；孔口壁厚，整齐；菌管近白色，多层，但层次不明显。担孢子近球形，（5~6）μm×（4.5~5.5）μm，无色，光滑。

生　境 常生于云杉或落叶松的基部。

引证标本 淌沟保护站棚子沟，海拔2000m，2019年9月28日，冶晓燕642。小吐鲁沟，海拔2720m，2020年10月3日，张国晴164。

讨　论 白色木腐菌，危害针叶树的幼苗；据记载可药用。

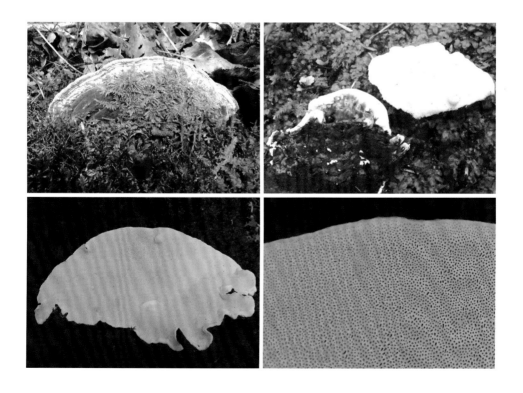

卷须猴头菇

Hericium cirrhatum (Pers.) Nikol. 1950

分类地位 伞菌纲Agaricomycetes/红菇目Russulales/猴头菇科Hericiaceae

形态特征 担子果中至大型。菌盖近半圆形至扇形，外伸达6cm，宽达8cm，基部厚达8cm，盖表粗糙，覆粗毛状鳞片，初期白色至淡黄色，后变浅黄褐色；盖缘锐，稍内卷。菌肉奶油色，肉质至近革质，较薄。子实层体齿状，菌齿排列较密，长达0.6cm，奶油色至淡黄色。担孢子椭圆形至卵圆形，（3.5~4.5）μm×（2.5~3.5）μm，无色，具小刺突。

生　境 夏秋季生于阔叶林的腐木上。

引证标本 前吐鲁沟两停沟，海拔2046m，2009年8月16日，蒋长生08。

红隔孢伏革菌

Peniophora rufa (Fr.) Boidin 1958

分类地位 伞菌纲Agaricomycetes/红菇目Russulales/隔孢伏革菌科Peniophoraceae

形态特征 担子果很小，平伏稍隆起，或折叠成瘤状，宽0.2~0.7cm，厚0.1~0.2cm。子实层表面常皱褶，红色、橙红色或灰橙色。担孢子腊肠形，（6~8）μm×（2~2.5）μm，无色，光滑。

生　境 夏秋季生于林中腐枝上。

引证标本 民乐保护站长沟，海拔2200m，2020年8月12日，朱学泰4065；淌沟保护站棚子沟，海拔2000m，2020年10月2日，张国晴133。

桤乳菇

Lactarius alnicola A. H. Sm. 1960

分类地位 伞菌纲Agaricomycetes/红菇目Russulales/红菇科Russulaceae

形态特征 担子果中至大型。菌盖直径5~10cm，幼时扁半球形，后渐平展，中部下凹成浅漏斗形；盖缘幼时内卷，后向上反卷。菌盖表面土黄褐色至赭褐色，湿时黏，覆纤毛状鳞片。菌肉厚，紧实，污白色，久置后变淡黄色，味道辛辣。菌褶直生至延生，密，辐窄，不等长，初白色，后边浅赭黄色。菌柄近圆柱形，长3~6cm，粗1~2cm，污白色至黄白色，粗糙，具窝坑，内部幼时紧实，后变中空。担孢子椭圆形，（7.5~10）μm×（6~8.5）μm，具不完整网纹，无色。

生　境 夏秋季生于林中地上。

引证标本 淌沟站棚子沟，海拔2000m，2020年10月2日，朱学泰4120。

松乳菇

Lactarius deliciosus (L.) Gray 1821

别　名　美味乳菇

分类地位　伞菌纲Agaricomycetes/红菇目Russulales/红菇科Russulaceae

形态特征　担子果中至大型。菌盖直径4～10cm，幼时扁半球形，后渐平展，中部下凹，边缘内卷。菌盖表面黄褐色至橙黄色，湿时黏，有同心环纹。菌肉淡黄色至橙黄色，久置后变蓝绿色。菌褶直生至延生，密，橙黄色，受伤后分泌橙色至胡萝卜色的乳汁。菌柄近圆柱形，向下渐细，长2～6cm，粗1～2cm，与盖同色，具深色窝斑，内部松软后变中空。担孢子宽椭圆形至卵形，（7～9）μm×（5.5～7）μm，具不完整网纹，无色至淡黄色。

生　境　夏秋季单生或群生于林中地上。

引证标本　大吐鲁沟，海拔2350m，2020年10月3日，朱学泰4138。淌沟保护站棚子沟，海拔2000m，2019年9月28日，刘金喜733。竹林沟，海拔2450m，2019年9月27日，刘金喜718；竹林沟，海拔2450m，2019年9月27日，刘金喜695；竹林沟，海拔2450m，2019年9月27日，刘金喜668；竹林沟，海拔2450m，2019年9月27日，刘金喜714；竹林沟，海拔2450m，2019年9月27日，景雪梅523；竹林沟，海拔2450m，2019年9月27日，景雪梅505。小吐鲁沟，海拔2720m，2020年8月10日，赵怡雪17。桥头保护站小杏儿沟，海拔2400m，2019年9月25日，刘金喜606。

讨　论　美味野生食用菌。目前分子系统学的研究证实，松乳菇应该是一个复合类群，其中包含了若干个系统发育种，随着后续研究的不断深入，连城自然保护区所分布的这个物种的分类地位也会更加明晰。

绒边乳菇
Lactarius pubescens Fr. 1838

分类地位 伞菌纲Agaricomycetes/红菇目Russulales/红菇科Russulaceae

形态特征 担子果中至大型。菌盖直径5~13cm，扁半球形，中部下凹，边缘内卷。菌盖表面污白至粉白色，覆纤毛状鳞片；盖缘具长毛。菌肉白色或污白色，较厚，具辛辣味。菌褶直生至延生，较密，污白色至淡粉红色。菌柄近圆柱形，长2.5~5cm，粗1~1.5cm，与菌盖同色，表面平滑，内部松软后变中空。担孢子宽椭圆形，（8~10）μm×（6~8）μm，具小疣，无色。

生　境 夏秋季散生或群生于阔叶林中地上。

引证标本 大吐鲁沟，海拔2400m，2020年8月10日，杜璠51。桥头保护站小杏儿沟，海拔2400m，2019年9月25日，刘金喜601。

讨　论 据记载有毒，不宜采食。

窝柄黄乳菇

Lactarius scrobiculatus (Scop.) Fr. 1838

分类地位 伞菌纲Agaricomycetes/红菇目Russulales/红菇科Russulaceae

形态特征 担子果中至大型。菌盖直径5~15cm，半球形，渐扁平，后中部下陷呈漏斗形；表面湿时黏，暗土黄色至浅橄榄褐色，覆毛状鳞片，中部少或光滑，近边缘丛毛状，有时具有暗色同心环纹；盖缘初时内卷，后平展或稍向上翘，有长而密的软毛。菌肉白色，紧实，伤后迅速变为硫黄色，苦辣；乳汁丰富，白色，迅速变为硫黄色。菌褶延生，密，近柄处分叉，初时白色至浅黄色，过熟后变暗。菌柄圆柱形，长3~5cm，粗1~3cm，湿时黏，与菌盖同色或稍浅，过熟后变中空，表面有明显凹窝。担孢子近球形，（7~8）μm×（6~7）μm，无色，具小疣。

生　境 夏秋季散生或群生于混交林或针叶林地上。

引证标本 淌沟站棚子沟，海拔2000m，2019年9月28日，冶晓燕634；相同时间和地点，刘金喜742。竹林沟，海拔2450m，2019年9月27日，刘金喜719。

讨　论 味苦且辣，据记载有毒，含有橡胶物质。

褪绿红菇

Russula atroglauca Einhell. 1980

分类地位 伞菌纲Agaricomycetes/红菇目Russulales/红菇科Russulaceae

形态特征 担子果小至中型。菌盖直径3~8cm，初期半球形，后渐平展，中央常稍下凹；表皮易剥离，光滑，草绿色、灰绿色至暗绿色。菌肉白色，紧实，味道柔和。菌褶延生，密，小菌褶少见，初白色，成熟后变污白色，局部浅赭褐色。菌柄近圆柱形，向下渐细，长3~6cm，粗1~2cm，污白色，基部常具点状突起；肉初期紧实，成熟后常中空松软。担孢子近球形，（6.5~8.5）μm×（5~7）μm，无色，具小疣。

生　境 夏秋季生于林中地上。

引证标本 竹林沟，海拔2500m，2020年8月11日，朱学泰4056。

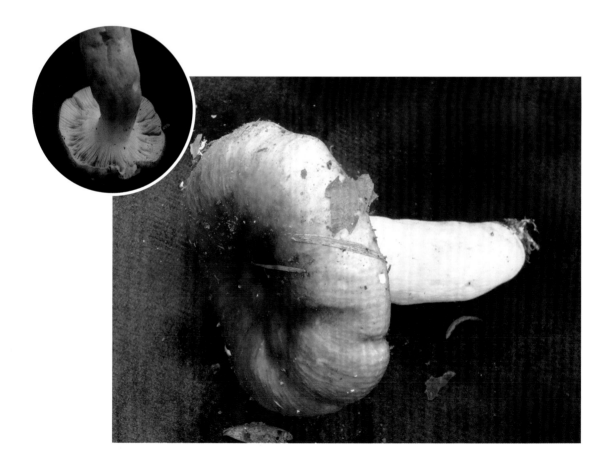

黄绿红菇

Russula chloroides (Krombh.) Bres. 1900

分类地位　伞菌纲Agaricomycetes/红菇目Russulales/红菇科Russulaceae

形态特征　担子果中至大型。菌盖直径5～12cm，初期扁半球形，渐平展，最后中央常下凹成漏斗状；表面常具腐殖质，污白色至淡黄色，后变淡黄褐色；盖缘常内卷。菌肉白色，紧实，味道柔和。菌褶延生，较密，白色，过熟时稍具褐色调。菌柄近圆柱形，向下渐细，长3～5cm，粗1～3cm，污白色，光滑；肉较紧实。担孢子近球形，（6.5～11）μm×（6.5～8.5）μm，无色，具疣突连成的网纹。

生　境　夏秋季散生于林中地上。

引证标本　竹林沟，海拔2450m，2019年9月27日，冶晓燕599；竹林沟，海拔2450m，2020年8月11日，冶晓燕898。

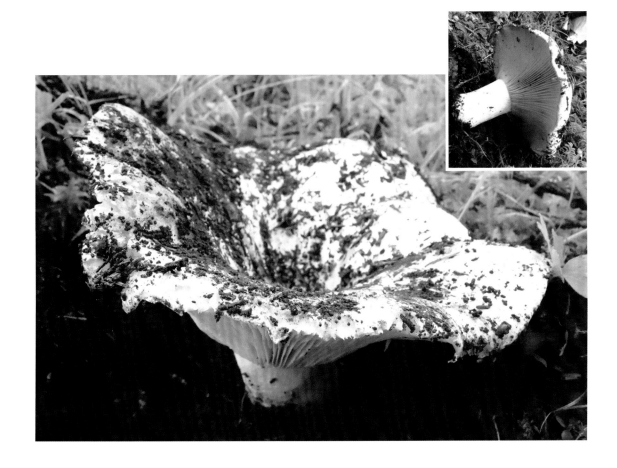

厌味红菇

Russula nauseosa (Pers.) Fr. 1838

分类地位 伞菌纲Agaricomycetes/红菇目Russulales/红菇科Russulaceae

形态特征 担子果小至中型。菌盖直径2～5cm，初期半球形，后伸展至凸镜形；表面湿时稍黏，颜色多变，红色、浅红褐色、黄褐色至灰褐色，中央色稍深。菌肉白色，紧实，味道柔和。菌褶直生，较密，等长，近柄处有少量分叉，白色，渐变为浅黄色。过熟时稍具褐色调。菌柄圆柱形，基部稍粗，长2～4cm，粗0.7～1.2cm，乳白色，光滑，中空易碎。担孢子近球形，（8～10.5）μm×（7～8.5）μm，无色，具小疣突。

生　境 夏秋季生于针叶林地上。

引证标本 吐鲁坪，海拔2900m，2019年8月3日，朱学泰3268；吐鲁坪，海拔2900m，2019年8月3日，朱学泰3273；吐鲁坪，海拔2900m，2019年8月3日，冶晓燕142；吐鲁坪，海拔2900m，2019年8月3日，冶晓燕141；吐鲁坪，海拔2900m，2019年8月3日，刘金喜201。

凯莱红菇

Russula queletii Fr. 1872

分类地位 伞菌纲Agaricomycetes/红菇目Russulales/红菇科Russulaceae

形态特征 担子果中至大型。菌盖直径6～8cm，凸镜形至平展，有时中央稍下凹，过熟时边缘常波状起伏；盖表湿时黏，鲜红色至红褐色，中央色深，边缘具棱纹。菌肉白色，味苦，较厚。菌褶密，直生，白色或污白色，后期乳黄色。菌柄近圆柱形，向下渐粗，长4～5cm，粗1～1.5cm，淡红色至浅紫红色，中空易碎。担孢子宽椭圆形至近球形，（9～11）μm×（8.5～9）μm，淡乳黄色，有小疣和不连续网纹。

生境 夏秋季单生或散生于林中地上。

引证标本 淌沟保护站棚子沟，海拔2000m，2019年9月28日，冶晓燕626；淌沟保护站棚子沟，海拔2000m，2020年10月2日，朱学泰4106。桥头保护站细沟，海拔2330m，2019年9月26日，刘金喜622；桥头保护站细沟，海拔2330m，2019年9月26日，景雪梅428。桥头保护站小杏儿沟，海拔2400m，2019年9月25日，刘金喜602。竹林沟，海拔2450m，2019年9月27日，冶晓燕608；竹林沟，海拔2450m，2019年9月27日，景雪梅483；竹林沟，海拔2450m，2019年9月27日，景雪梅521；竹林沟，海拔2450m，2019年9月27日，刘金喜698；竹林沟，海拔2450m，2020年8月11日，朱学泰4045。小吐鲁沟，海拔2720m，2020年8月11日，朱学泰3970。

四川红菇

Russula sichuanensis G. J. Li & H. A. Wen 2013

分类地位 伞菌纲Agaricomycetes/红菇目Russulales/红菇科Russulaceae

形态特征 担子果小型。菌盖直径2～5cm，近球形、半球形至钟形，开伞状罕见；表面光滑，颜色多变，常见污白色、土黄色，偶见淡红色、红色、黄褐色、紫褐色，湿时黏。菌肉白色，伤不变色。菌褶黄色至玉米黄色，密，有短菌褶。菌柄近圆柱形，长3～6cm，直径0.7～1.5cm，白色，近光滑。担孢子近球形，（10～14）μm×（8～13）μm，具疣突连成的网状，淡黄色。

生　境 夏秋季散生或群生于云杉林中地上。

引证标本 竹林沟，海拔2450m，2020年8月11日，朱学泰4030；竹林沟，海拔2450m，2020年8月11日，冶晓燕896；竹林沟，海拔2450m，2020年8月11日，朱学泰4034；竹林沟，海拔2450m，2020年8月11日，张国晴71；竹林沟，海拔2450m，2019年9月27日，刘金喜679；竹林沟，海拔2450m，2020年8月11日，刘金喜669。小吐鲁沟，海拔2720m，2019年8月2日，刘金喜167；小吐鲁沟，海拔2720m，2020年8月10日，朱学泰3999。桥头保护站细沟，海拔2350m，2019年9月26日，冶晓燕552。淌沟站棚子沟，海拔2000m，2019年9月28日，刘金喜741；淌沟站棚子沟，海拔2000m，2019年9月28日，刘金喜725；淌沟站棚子沟，海拔2000m，2019年9月28日，刘金喜724；淌沟站棚子沟，海拔2000m，2019年9月28日，冶晓燕635。

讨　论 在连城自然保护区常见且出菇量大，当地群众反映可食，味道柔和，口感较粗糙。

绒毛韧革菌

Stereum subtomentosum Pouzar 1964

分类地位 伞菌纲Agaricomycetes/红菇目Russulales/韧革菌科Stereaceae

形态特征 担子果中等大，菌盖半圆形至扇形，外伸达5cm，宽达7cm，基部厚约0.5cm；表面被黄褐色绒毛，具明显同心环带，基部灰色至黑褐色，边缘颜色浅。菌肉薄，革质。子实层体表面平滑，灰白色至浅橙褐色，具同心环带，边缘色浅。担孢子长椭圆形，（5~7）μm×（2~3）μm，无色，光滑。

生 境 春季至秋季单生或覆瓦状叠生于阔叶树死树、倒木、树桩上。

引证标本 大吐鲁沟，海拔2350m，2019年8月2日，朱学泰3248。

粗糙亚齿菌

Hydnellum scabrosum (Fr.) E. Larss., K. H. Larss. & Kõljalg 2019

别　名　粗糙肉齿菌

分类地位　伞菌纲Agaricomycetes/革菌目Thelephorales/烟白齿菌科Bankeraceae

形态特征　担子果较大。菌盖直径6~13cm，扁半球形至凸镜形，中央常稍凹；表面幼时淡黄褐色，成熟后暗褐色，覆平伏或稍翘起的放射状深色粗鳞片；盖缘锐，波浪状，稍内卷。子实层体齿状，菌齿4~6个/mm，灰褐色。菌肉新鲜时污白色，过熟后土黄色，中部厚可达1cm，脆质，味道略苦。菌柄近中生，近圆柱形，淡褐色，长5~8cm，直径可达1~3cm，上部有齿延生，浅褐色，基部黑褐色。担孢子近球形，（5.5~7）μm×（4~5.5）μm，无色，具瘤状突起。

生　境　夏秋季单生于针叶林中地上。

引证标本　大有保护站，海拔2750m，2020年10月4日，张国晴189。

讨　论　药用。

头花革菌近似种

Thelephora aff. *anthocephala* (Bull.) Fr. 1838

分类地位 伞菌纲Agaricomycetes/革菌目Thelephorales/革菌科Thelephoraceae

形态特征 担子果小型，丛生，直立，分枝，高3~5cm。菌柄柱形，长2~3cm，粗0.2~0.3cm，有细长毛，粉灰褐色，过熟时深褐色；上部分枝形成多个裂片，向上渐细，形成小尖，呈撕裂状，顶部污白色。担孢子近球形，（6~9）μm×（5.5~7.5）μm，无色，有小瘤状突起。

生　境 夏秋季丛生于林中地上。

引证标本 淌沟保护站轱辘沟，海拔2210m，2019年8月4日，朱学泰3312。

掌状花耳近似种

Dacrymyces aff. *palmatus* Bres. 1904

分类地位 花耳纲Dacrymycetes/花耳目Dacrymycetales/花耳科Dacrymycetaceae

形态特征 担子果小型，高1~3cm，宽2~5cm。形态变化较大，初期多为泡状突起，渐变为垫状、扇形或盘状，边缘常波状卷曲；后变瘤状，表面有皱褶和沟纹；有时群生愈合而呈脑状，或不规则裂瓣状。表面鲜橙黄色至橘黄色，近基部污白色。子实层周生。菌肉胶质，有弹性。担孢子弯曲圆柱形或腊肠形，（15~20）μm×（5~7）μm，光滑，无色。

生　境 夏秋季单生至群生于针叶林腐木或枯枝上。

引证标本 大吐鲁沟，海拔2400m，2020年10月3日，朱学泰4140。

讨　论 可食用；常在雨后出现，浸水后易腐烂。

匙盖假花耳

Dacryopinax spathularia (Schwein.) G. W. Martin 1948

别　名　桂花耳

分类地位　花耳纲Dacrymycetes/花耳目Dacrymycetales/花耳科Dacrymycetaceae

形态特征　担子果很小，高0.5~1.2cm，宽0.2~0.4cm。头部匙状，黄色至橙黄色，干后黄褐色或红褐色，胶质；子实层单侧生，表面常具纵皱；不育面被稀疏白绒毛。柄表很短，近圆柱形，被白色绒毛。原担子圆柱状至近棒状，基部具隔，（20~40）μm×（3.5~4.5）μm，成熟后呈叉状。担孢子圆柱状，稍弯曲，（8~10.5）μm×（3~5）μm，无色，光滑。

生　境　春季至秋季群生或丛生于倒腐木或木桩上。

引证标本　天王沟保护站细沟，海拔2030m，2009年8月20日，蒋长生06。

孔生胶瘤菌
Carcinomyces polyporinus (D. A. Reid) Yurkov 2015

分类地位 银耳纲Tremellomycetes/银耳目Tremellales/胶瘤菌科Carcinomycetaceae

形态特征 不形成固定形态的担子果，在所寄生的多孔菌子实层上形成透明至乳白色的黏稠胶体，其中含有菌丝、担子、担孢子等显微结构。担孢子球形至近球形，（5~8）μm×（4.5~7）μm，无色，光滑。

生　境 夏秋季生于某种波斯特孔菌的子实层上。

引证标本 淌沟保护站棚子沟，海拔1980m，2019年9月28日，冶晓燕629。

黄金银耳

Tremella mesenterica Retz. 1769

分类地位 银耳纲Tremellomycetes/银耳目Tremellales/银耳科Tremellaceae

形态特征 担子果小至中型，脑状或皱折的厚瓣状，宽1~6cm，高1~2.5cm；表面鲜时黄色至橘黄色，干时橙红色。担子卵圆形至椭圆形，（12~23）μm×（8~18）μm，纵裂为4份；小梗细长，长50~100μm，上部膨大。担孢子椭圆形，（9~15）μm×（7~12）μm，无色或浅黄色，光滑。

生　境 夏秋季生于林中腐木上。

引证标本 大吐鲁沟，海拔2400m，2018年7月16日，朱学泰2392；大吐鲁沟，海拔2400m，2020年10月3日，冶晓燕1000；大吐鲁沟，海拔2400m，2020年10月3日，张国晴157。小吐鲁沟，海拔2720m，2020年8月10日，冶晓燕886。桥头保护站小杏儿沟，海拔2400m，2020年8月9日，冶晓燕866。

参考文献

陈作红, 杨祝良, 图力古尔, 等, 2016. 毒蘑菇识别与中毒防治[M]. 北京: 科学出版社.

戴玉成, 崔宝凯, 2008. 中国附毛孔菌属小记[J]. 菌物学报(04): 510-514.

戴玉成, 崔宝凯, 2010. 海南大型木生真菌的多样性[M]. 北京: 科学出版社.

戴玉成, 杨祝良, 2008. 中国药用真菌名录及部分名称的修订[J]. 菌物学报, 27(6): 801-824.

戴玉成, 周丽伟, 杨祝良, 等, 2010. 中国食用菌名录[J]. 菌物学报, 29(1): 1-21.

邓树方, 2016. 中国南方裸脚伞属分类暨小皮伞科真菌资源初步研究[D]. 广州: 华南农业大学.

底明晓, 魏玉莲, 谷月, 2012. 中国木层孔菌属三个新记录种[J]. 菌物学报, 31(6): 940-946.

丁玉香, 2017. 东北地区口蘑属和杯伞属及其相关属的分类学研究[D]. 长春: 吉林农业大学.

杜蕊, 2020. 干皮孔菌属分类学的初步研究[D]. 北京: 北京林业大学.

范黎, 2019. 中国真菌志: 第五十四卷马勃目[M]. 北京: 科学出版社.

范宇光, 2013. 中国丝盖伞属的分类与分子系统学研究[D].长春: 吉林农业大学.

范宇光, 图力古尔, 2017. 丝盖伞属丝盖伞亚属三个中国新记录种[J]. 菌物学报(2): 251-259.

盖宇鹏, 2017. 中国靴耳科分类及分子系统学研究[D]. 长春: 吉林农业大学.

葛再伟, 刘晓斌, 赵宽, 等, 2015. 冬菇属的新变种和中国新记录种[J]. 菌物学报, 34(4): 589-603.

何刚, 2017. 中国珊瑚菌科及相关属的分类学研究[D]. 南京: 南京师范大学.

贺瑞红, 2019. 拟黑虫草形态学、遗传分化及区系真菌多样性研究[D]. 太原: 山西大学.

贺新生, 张锐杰, 李小勇, 等, 2021. 中国羊肚菌属种类及名称[J]. 食用菌, 43(1): 11-14.

黄梅, 2019. 东北地区鬼伞类真菌分类与分子系统学研究[D]. 长春: 吉林农业大学.

黄年来, 1998. 中国大型真菌原色图鉴[M]. 北京: 中国农业出版社.

李玉, 图力古尔, 2014. 中国真菌志: 第四十五卷侧耳 香菇型真菌[M]. 北京: 科学出版社.

李玉婷, 2017. 中国盔孢伞属及绒盖伞属的分类与分子系统学研究[D]. 长春: 吉林农业大学.

刘波, 1984. 中国药用真菌[M]. 太原: 山西人民出版社.

刘波, 1992. 中国真菌志: 第二卷银耳目和花耳目[M]. 北京: 科学出版社.

刘敬, 2018. 东北地区粪锈伞科真菌分类与分子系统学研究[D]. 长春: 吉林农业大学.

刘丽娜, 2020. 中国小菇科的分类及分子系统学研究[D]. 长春: 吉林农业大学.

刘宇, 图力古尔, 李泰辉, 2010. 亚侧耳属*Hohenbuehelia*三个中国新记录种[J]. 菌物学报, 29(3): 454-458.

卯晓岚, 1998. 中国经济真菌[M]. 北京: 科学出版社.

卯晓岚, 2000. 中国大型真菌[M]. 郑州: 河南科学技术出版社.

卯晓岚, 2006. 中国毒菌物种多样性及其毒素[J]. 菌物学报, 25(3): 345-363.

木兰, 2015. 白音敖包国家级自然保护区大型真菌资源调查兼中国蜡蘑属的分类学研究[D]. 长春: 吉林农业大学.

娜琴, 图力古尔, 2020. 中国小菇属十个新记录种[J]. 菌物学报, 39(9): 1783-1808.

裘维蕃, 1997. 菌物的多样性及其对人类生存的价值[J]. 生物学通报(01): 2-4.

任菲, 庄文颖, 2014. 中国绿杯菌属研究(英文)[J]. 菌物学报, 33(04): 916-924.

宋斌, 邓春英, 吴兴亮, 等, 2009. 中国小皮伞属已知种类及其分布[J]. 贵州科学, 27(01): 1-18.

陶美华, 章卫民, 钟韩, 2005. 针层孔菌属 (*Phellinus*) 中药用真菌的研究概述[J]. 食用菌学报, 12(4): 65-72.

图力古尔, 包海鹰, 李玉, 2014. 中国毒蘑菇名录[J]. 菌物学报, 33(3): 517-548.

图力古尔, 刘宇, 金鑫, 2013. 中国毛缘菇属2新记录种[J]. 东北林业大学学报, 41(1): 122-123.

图力古尔, 王雪珊, 张鹏, 2019. 大小兴安岭地区伞菌和牛肝菌类区系[J]. 生物多样性, 27 (8): 867-873.

王玲, 尚红喜, 李景文, 等, 2006. 甘肃连城国家级自然保护区的植物组成及种子植物区系分析[J]. 西部林业科学(35): 64-69.

王月, 2014. 东北地区小脆柄菇属真菌分类学研究[D]. 长春: 吉林农业大学.

吴承龙, 2020. 中国锁瑚菌属的分类及分子系统学研究[D]. 长沙: 湖南师范大学.

吴芳, 范龙飞, 刘世良, 等, 2017. 中国山西省大型木材腐朽菌多样性研究[J]. 菌物学报, 36(11): 1487-1497.

吴玉虎, 2004. 大通河流域植物区系[J]. 云南植物研究, 26(4): 355-372.

徐济责, 2019. 中国铦囊蘑属分类学与分子系统学及生物地理演化研究[D]. 长春: 东北师范大学.

徐江, 2016. 中国光柄菇属和小包脚菇属分类学研究[D]. 广州: 华南理工大学.

颜俊清, 2018. 中国小脆柄菇属及相关属的分类与分子系统学研究[D]. 长春: 吉林农业大学.

杨斌, 余静, 2002. 中国西部黑蛋巢属之二新种[J]. 菌物系统, 21(3): 313-315.

杨祝良, 2019. 中国真菌志: 第五十二卷环柄菇类（蘑菇科）[M]. 北京: 科学出版社.

应建浙, 卯晓岚, 马启明, 1987. 中国药用真菌图鉴[M]. 北京: 科学出版社..

袁明生, 孙佩琼, 1995. 四川蕈菌[M]. 成都: 科学技术出版社.

张敏, 2017. 中国球盖菇科滑锈伞属和脆锈伞属的分类及分子系统学研究[D]. 长春: 吉林农业大学.

张小青, 戴玉成, 2005. 中国真菌志: 第二十九卷锈革孔菌科[M]. 北京: 科学出版社.

赵继鼎, 1998. 中国真菌志: 第三卷多孔菌科[M]. 北京: 科学出版社.

赵洁, 2016. 中国棒瑚菌属的分类及资源研究: 兼论中国新记录属穆氏杯伞属及属下一新种[D]. 昆明: 昆明医科大学.

赵政博, 2019. 东北地区狭义球盖菇属、原球盖菇属及半球盖菇属的分类学研究[D]. 长春: 吉林农业大学.

郑焕娣, 庄文颖, 王新存, 等, 2020. 祁连山子囊菌: 盘菌纲和锤舌菌纲[J]. 菌物学报, 39(10): 1823-1845.

庄文颖, 2004. 中国真菌志: 第二十一卷晶杯菌科肉杯菌科肉盘菌科[M]. 北京: 科学出版社.

庄文颖, 2018. 中国真菌志: 第五十六卷柔膜菌科[M]. 北京: 科学出版社.

CAO J Z, FAN L, LIU B, 1990. Some species of *Otidea* from China[J]. Mycologia, 82(6): 734-741.

CHAMURIS G P, FALK S P, 1987. The population structure of *Peniophora rufa* in an Aspen Plantation[J]. Mycologia, 79(3): 451-457.

CRIPPS C L, EBERHARDT U, SCHÜTZ N, et al., 2019. The genus *Hebeloma* in the Rocky Mountain Alpine Zone.[J]. MycoKeys, 46(33): 1-54.

GUO T, WANG H C, XUE W Q, et al., 2016. Phylogenetic analyses of *Armillaria* reveal at least 15 phylogenetic lineages in China, seven of which are associated with cultivated *Gastrodiaelata*[J]. PLoS ONE, 11(5): e0154794. DOI:10.1371.

HE M Q, HYDE K D, WEI S L, et al., 2018. Three new species of *Agaricus* section *Minores* from China[J]. Mycosphere, 9(2): 189-201.

JABEEN S, AHMAD I, RASHID A, et al., 2016. *Inocybe kohistanensis*, a new species from Swat, Pakistan[J]. Turkish Journal of Botany, 40(3): 312-318.

KORHONEN A, SEELAN JSS, MIETTINEN O, 2018. Cryptic species diversity in polypores: the *Skeletocutis nivea* species complex [J]. Mycokeys, 36: 45-82.

LARSSON E, JEPPSON M, 2008. Phylogenetic relationships among species and genera of Lycoperdaceae based on ITS and LSU sequence data from north European taxa.[J]. Mycological research, 112(Pt 1): 4-22.

LARSSON E, KLEINE J, JACOBSSON S, et al., 2018. Diversity within the *Hygrophorus agathosmus* group (Basidiomycota, Agricales) in Northern Europe [J]. Mycological Progress: 1293-1304.

LARSSON K H, SVANTESSON S, MISCEVIC D, et al., 2019. Reassessment of the generic limits for *Hydnellum* and *Sarcodon* (Thelephorales, Basidiomycota)[J]. MycoKeys, 54: 31-47.

LI Y, WANG X L, JIAO L, et al., 2011. A survey of the geographic distribution of *Ophiocordyceps sinensis*[J]. The Journal of Microbiology, 49(6): 913-919.

LIU S, SHEN L L, WANG Y, et al., 2021. Species diversity and molecular phylogeny of *Cyanosporus* (Polyporales, Basidiomycota) [J]. Frontiers in Microbiology, 12(2): 1-23.

LIU X Z, WANG Q M, GÖKER M, et al., 2015. Towards an integrated phylogenetic classification of the Tremellomycetes[J]. Studies in mycology, 81: 85-147.

MOROZOVA O V, NOORDELOOS M E, POPOV E S, et al., 2018. Three new species within the genus *Entoloma* (Basidiomycota, Agaricales) with clamped basidia and a serrulatum-type lamellae edge, and their phylogenetic position[J]. Mycological Progress, 17(3): 381-392.

VILA J, CARBÓ J, CABALLERO F, et al., 2013. A first approach to the study of the genus *Entoloma* subgenus *Nolanea* sensulato using molecular and morphological data[J]. Fungi non Delineati, 66: 3-62.

WANG P M, YANG Z L, 2019. Two new taxa of the *Auriscalpium vulgare* species complex with substrate preferences[J]. Mycological Progress, 18(5): 641-652.

WESTPHALEN M C, TOMŠOVSKÝ M, GUGLIOTTA A M, et al., 2019. An overview of *Antrodiella* and related genera of Polyporales from the Neotropics[J]. Mycologia, 111(5): 813-831.

WILSON A W, HOSAKA K, PERRY B A, et al., 2013. *Laccaria*(Agaricomycetes, Basidiomycota) from Tibet (Xizang Autonomous Region, China) [J]. Mycoscience, 54: 406-419.

XU J, YU X, ZHANG C, et al., 2019. Two new species of *Calocybe* (Lyophyllaceae) from northeast China[J]. Phytotaxa, 2019, 425(4): 219-232.

XU M L, LI G J, ZHOU J L, et al., 2016. New species of *Cystolepiota* from China[J]. Mycology, 7(4): 165-170.

YUKO O, TSUTOMU H, BANIK M T, et al., 2009. The genus *Laetiporus* (Basidiomycota, Polyporales) in East Asia[J]. Mycological research, 113(11): 1283-1300.

ZHAO K, WU G, FENG B, et al., 2014. Molecular phylogeny of *Caloboletus* (Boletaceae) and a new species in East Asia[J]. Mycological Progress, 13(4): 1127-1136.

ZHAO Q, HAO Y, LIU J K, et al., 2016. *Infundibulicybe rufa* sp. nov. (Tricholomataceae), a Reddish brown species from South-western China[J]. Phytotaxa, 266(2): 134-140.

ZHAO Q, TOLGOR B, ZHAO Y, et al., 2015. Species diversity within the *Helvellacrispa* group (Ascomycota: Helvellaceae) in China[J]. Phytotaxa, 239(2): 130.

ZHOU J L, SU S Y, SU H Y, et al., 2016. A description of eleven new species of *Agaricus* sections *Xanthodermatei* and *Hondenses* collected from Tibet and the surrounding areas[J]. Phytotaxa, 257(2): 99-121.

中文名索引

学名索引